中等职业学校计算机系列教材
zhongdeng zhiye xuexiao jisuanji xilie jiaocai

Dreamweaver 8

中文版 网页制作基础

（第2版）

王君学 郭亮 主编
袁高文 何典耕 副主编

人民邮电出版社
北京

图书在版编目（CIP）数据

Dreamweaver 8中文版网页制作基础 / 王君学，郭亮
主编. -- 2版. -- 北京：人民邮电出版社，2013.2
中等职业学校计算机系列教材
ISBN 978-7-115-30477-3

Ⅰ. ①D⋯ Ⅱ. ①王⋯ ②郭⋯ Ⅲ. ①网页制作工具—
中等专业学校—教材 Ⅳ. ①TP393.092

中国版本图书馆CIP数据核字(2012)第309176号

内 容 提 要

　　本书采用项目教学法，介绍网页制作的基本知识、流程和方法。全书由 15 个项目构成，内容主要包括：在网页中插入文本、图像、媒体、超级链接、表单等网页元素及其属性设置，运用表格、框架、层和 Div 标签工具对网页进行布局，使用模板和库制作网页，运用 CSS 样式控制网页外观，使用行为完善网页功能，使用时间轴制作动画，在可视化环境下创建应用程序以及创建、管理和维护网站的基本知识。

　　本书既可作为中等职业学校"网页设计与制作"课程的教材，又可供网页设计爱好者学习参考。

◆ 主　　编　王君学　郭　亮
　　副主编　袁高文　何典耕
　　责任编辑　王　平

◆ 人民邮电出版社出版发行　　北京市丰台区成寿寺路 11 号
　　邮编 100164　　电子邮件 315@ptpress.com.cn
　　网址　https://www.ptpress.com.cn
　　北京盛通印刷股份有限公司印刷

◆ 开本：787×1092　　1/16
　　印张：13　　　　　　　　　2013 年 2 月第 2 版
　　字数：321 千字　　　　　　2025 年 1 月北京第 15 次印刷

ISBN 978-7-115-30477-3

定价：27.50 元

读者服务热线：**(010)81055256**　印装质量热线：**(010)81055316**
反盗版热线：**(010)81055315**
广告经营许可证：京东市监广登字 20170147 号

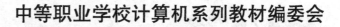

中等职业教育是我国职业教育的重要组成部分，中等职业教育的培养目标定位于具有综合职业能力，在生产、服务、技术和管理第一线工作的高素质的劳动者。

随着我国职业教育的发展，教育教学改革的不断深入，由国家教育部组织的中等职业教育新一轮教育教学改革已经开始。根据教育部颁布的《教育部关于进一步深化中等职业教育教学改革的若干意见》的文件精神，坚持以就业为导向、以学生为本的原则，针对中等职业学校计算机教学思路与方法的不断改革和创新，人民邮电出版社精心策划了《中等职业学校计算机系列教材》。

本套教材注重中职学校的授课情况及学生的认知特点，在内容上加大了与实际应用相结合案例的编写比例，突出基础知识、基本技能。为了满足不同学校的教学要求，本套教材中的 4 个系列，分别采用 3 种教学形式编写。

- 《中等职业学校计算机系列教材——项目教学》：采用项目任务的教学形式，目的是提高学生的学习兴趣，使学生在积极主动地解决问题的过程中掌握就业岗位技能。
- 《中等职业学校计算机系列教材——精品系列》：采用典型案例的教学形式，力求在理论知识"够用为度"的基础上，使学生学到实用的基础知识和技能。
- 《中等职业学校计算机系列教材——机房上课版》：采用机房上课的教学形式，内容体现在机房上课的教学组织特点，学生在边学边练中掌握实际技能。
- 《中等职业学校计算机系列教材——网络专业》：网络专业主干课程的教材，采用项目教学的方式，注重学生动手能力的培养。

为了方便教学，我们免费为选用本套教材的老师提供教学辅助资源，教师可以登录人民邮电出版社教学服务与资源网（http://www.ptpedu.com.cn）下载相关资源，内容包括如下。

- 教材的电子课件。
- 教材中所有案例素材及案例效果图。
- 教材的习题答案。
- 教材中案例的源代码。

在教材使用中有什么意见或建议，均可直接与我们联系，电子邮件地址是 wangping@ptpress.com.cn。

中等职业学校计算机系列教材编委会

2012 年 11 月

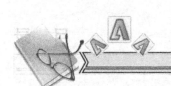

目前，职业学校的"网页设计与制作"教学中存在的主要问题是传统的理论教学内容过多，能够让学生亲自动手的实践内容偏少。本书基于 Dreamweaver 8 中文版，按照项目教学法组织教学内容，加大了实践力度，让学生在实际操作中循序渐进地了解和掌握网页制作的流程和方法。

本书根据教育部 2010 年颁布的《中等职业学校专业目录》中专业技能和对应职业岗位的要求，以《全国计算机信息高新技术考试技能培训和鉴定标准》中的"职业资格技能等级三级"（高级网络操作员）的知识点为标准，针对中等职业学校的教学需要而编写。通过本课程的学习，学生将掌握网页设计与制作的基本方法和应用技巧。

本书既强调基础，又注重能力的培养。在编写体例上采用"项目任务"的形式，简洁的文字表达，加上大量的范例图片，直观明了，便于读者学习。本书注重理论和实践的结合，对于相关的知识点，设置了"说明"小栏目，并通过配套的技能训练项目强化学生的动手能力。

本课程的教学时数约为 72 课时，各项目的教学课时可参考下面的课时分配表。

项目	课程内容	课时分配（学时）	
		讲授	实践训练
项目一	认识 Dreamweaver 8	1	2
项目二	创建和管理站点	1	2
项目三	文本——编排奥斯卡网页	2	2
项目四	图像和媒体——编排新闻网页	2	2
项目五	超级链接——设置 188 导航网页	2	2
项目六	表格——布局网上花店主页	2	4
项目七	框架——布局都市社区网页	2	2
项目八	CSS——设置环境保护网页	2	4
项目九	Div——布局搜索屋网页	2	4
项目十	时间轴——制作空中飞行网页	2	2
项目十一	库和模板——制作馨华学校主页	2	4
项目十二	行为——完善个人网页功能	2	4
项目十三	表单——制作用户注册网页	2	4
项目十四	ASP——制作在线咨询系统	2	4
项目十五	测试和发布网站	2	2
课时总计		28	44

本书由王君学、郭亮主编，南溪职中袁高文、重庆市忠县职业教育中心何典耕任副主编，袁高文同时编写了项目一和项目二。参加本书编写工作的还有沈精虎、黄业清、宋一兵、谭雪松、向先波、冯辉、计晓明、滕玲、董彩霞、管振起等。

由于编者水平有限，书中难免存在错误和不妥之处，恳请广大读者批评指正。

编者

2012 年 11 月

目 录

项目一 认识 Dreamweaver 8 ··············· 1
  任务一 网页案例赏析 ··············· 1
  任务二 认识网页制作工具 ··············· 3
    （一）了解网页制作工具 ··············· 3
    （二）了解 Dreamweaver ··············· 3
  任务三 制作一个简单的网页 ··············· 4
    （一）定义站点 ··············· 4
    （二）创建和保存文件 ··············· 6
    （三）设置文本属性 ··············· 7
    （四）保存工作区布局 ··············· 9
  项目实训 定义站点并创建网页 ······· 10
  项目小结 ··············· 10
  思考与练习 ··············· 11

项目二 创建和管理站点 ··············· 12
  任务一 新建站点 ··············· 12
    （一）设置首选参数 ··············· 12
    （二）定义站点 ··············· 14
  任务二 管理站点 ··············· 17
    （一）复制和编辑站点 ··············· 18
    （二）导出、删除和导入站点 ······· 18
  任务三 管理站点内容 ··············· 20
    （一）创建文件夹和文件 ··············· 20
    （二）在站点地图中链接文件 ······· 21
  项目实训 导入和导出站点 ··············· 22
  项目小结 ··············· 23
  思考与练习 ··············· 23

项目三 文本——编排奥斯卡网页 ······· 24
  任务一 添加文本 ··············· 25
  任务二 编排文本格式 ··············· 27
    （一）设置文档标题格式 ··············· 27
    （二）设置正文格式 ··············· 28
  任务三 完善网页 ··············· 31
  项目实训 设置文档格式 ··············· 32
  项目小结 ··············· 33
  思考与练习 ··············· 34

项目四 图像和媒体——编排新闻网页 ···36
  任务一 插入图像 ··············· 37
    （一）插入图像占位符 ··············· 37
    （二）插入和设置图像 ··············· 39
  任务二 插入媒体 ··············· 40
    （一）插入 Flash 动画 ··············· 41
    （二）插入图像查看器 ··············· 42
    （三）插入 ActiveX 视频 ··············· 44
  项目实训 插入图像和媒休 ··············· 47
  项目小结 ··············· 47
  思考与练习 ··············· 48

项目五 超级链接——设置 188 导航
         网页 ··············· 50
  任务一 设置文本超级链接 ··············· 51
    （一）设置文本超级链接 ··············· 51
    （二）设置文本超级链接状态 ······· 53
  任务二 设置图像超级链接 ··············· 53
  任务三 设置电子邮件超级链接 ······· 56
  任务四 设置锚记超级链接 ··············· 56
  项目实训 设置超级链接 ··············· 59
  项目小结 ··············· 59
  思考与练习 ··············· 60

项目六 表格——布局网上花店主页 ···62
  任务一 使用表格布局页眉 ··············· 63
  任务二 使用嵌套表格布局主体
         页面 ··············· 66
    （一）布局左栏内容 ··············· 66
    （二）布局右栏内容 ··············· 68
  任务三 使用表格布局页脚 ··············· 71
  项目实训 使用表格布局网页 ··············· 72
  项目小结 ··············· 73
  思考与练习 ··············· 73

项目七 框架——布局都市社区网页 ···75
  任务一 创建论坛框架网页 ··············· 76
    （一）创建框架 ··············· 76

（二）保存框架 ·············· 78

任务二 设置论坛框架网页 ······ 79

（一）设置框架集和框架属性 ······79

（二）设置框架中链接的目标

窗口 ·············· 82

项目实训 使用框架布局网页 ······84

项目小结 ·············· 84

思考与练习 ·············· 85

项目八 CSS——设置环境保护网页 ······ 87

任务一 设置页眉 CSS 样式 ······ 87

（一）定义"body"的 CSS 样式

·············· 88

（二）定义页眉的 CSS 样式 ······91

任务二 设置网页主体的 CSS 样式

·············· 94

（一）设置左侧栏目 CSS 样式 ····· 94

（二）设置右侧栏目的 CSS 样式

·············· 95

任务三 设置页脚的 CSS 样式 ······98

项目实训 使用 CSS 设置网页样式

·············· 98

项目小结 ·············· 100

思考与练习 ·············· 100

项目九 Div——布局搜索屋网页 ······ 102

任务一 布局页眉 ·············· 102

任务二 布局主体 ·············· 105

任务三 布局页脚 ·············· 108

项目实训 使用 Div 布局网页 ······ 110

项目小结 ·············· 111

思考与练习 ·············· 112

项目十 时间轴——制作空中飞行网页

·············· 114

任务一 使用层制作背景 ······ 115

任务二 使用时间轴制作运动效果

·············· 116

项目实训 使用层和时间轴制作

动画 ·············· 125

项目小结 ·············· 126

思考与练习 ·············· 126

项目十一 库和模板——制作馨华学校

主页 ·············· 128

任务一 创建库 ·············· 128

（一）创建库项目 ·············· 129

（二）编排页眉库项目 ······ 130

（三）编排页脚库项目 ······ 131

任务二 创建模板 ·············· 132

（一）创建模板文件 ······ 132

（二）插入库项目 ·············· 133

（三）插入模板对象 ······ 134

任务三 应用模板 ·············· 138

项目实训 制作网页模板 ······ 141

项目小结 ·············· 142

思考与练习 ·············· 142

项目十二 行为——完善个人网页功能

·············· 144

任务一 设置页眉中的行为 ······ 145

（一）设置状态栏文本 ······ 145

（二）制作弹出式菜单 ······ 146

任务二 设置主体中的行为 ······ 148

（一）打开浏览器窗口 ······ 148

（二）交换图像 ·············· 149

（三）控制 Shockwave 或 Flash

·············· 150

（四）弹出信息 ·············· 151

项目实训 制作弹出式菜单 ······ 152

项目小结 ·············· 153

思考与练习 ·············· 153

项目十三 表单——制作用户注册网页

·············· 155

任务一 创建表单 ·············· 156

任务二 验证表单 ·············· 164

项目实训 制作表单网页 ······ 165

项目小结 ·············· 166

思考与练习 ·············· 167

项目十四 ASP——制作在线咨询系统

·············· 169

任务一 定义站点并创建数据库

连接 ·············· 170

（一）定义站点 ………………… 170
（二）创建数据库 ……………… 170
（三）创建数据库链接 ………… 171
任务二 制作用户咨询页面 ……… 173
（一）制作在线咨询页面 ……… 173
（二）制作咨询主题页面 ……… 175
（三）制作咨询结果页面 ……… 180
任务三 制作咨询回复页面 ……… 181
（一）制作咨询主题列表页面 … 181
（二）制作咨询主题回复页面 … 182
（三）制作咨询主题删除页面 … 184
（四）限制对页的访问 ………… 185
（五）用户登录和注销 ………… 186
项目实训 制作"用户信息查询"
网页 ………………… 188
项目小结 …………………………… 189
思考与练习 ………………………… 189

项目十五 测试和发布网站 ……… 191
任务一 测试网站 ………………… 191
（一）检查链接 ………………… 191
（二）改变链接 ………………… 192
（三）查找和替换 ……………… 192
（四）清理文档 ………………… 193
任务二 配置 IIS 服务器 ………… 194
（一）配置 Web 服务器 ……… 194
（二）配置 FTP 服务器 ……… 196
任务三 发布网站 ………………… 197
（一）发布网站 ………………… 197
（二）保持同步 ………………… 199
项目实训 配置服务器和发布站点
………………………………… 200
项目小结 …………………………… 200
思考与练习 ………………………… 200

项目一

认识 Dreamweaver 8

本项目主要是让读者对网页制作软件 Dreamweaver 8 有一个总体认识。首先欣赏一些优秀网页案例，然后了解常用网页制作工具以及 Dreamweaver 的发展历程、基本功能和作用，最后通过制作一个简单的网页来认识 Dreamweaver 8 的工作界面，并学习常用工具栏和面板的基本使用方法。Dreamweaver 8 的工作界面如图 1-1 所示。

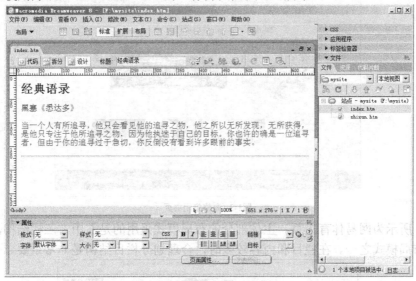

图1-1　Dreamweaver 8 的工作界面

学习目标

了解 Dreamweaver 8 的功能和作用。
了解 Dreamweaver 8 工作界面的构成。
学会 Dreamweaver 8 常用工具栏的使用方法。
学会 Dreamweaver 8 常用面板的使用方法。

任务一　网页案例赏析

下面来欣赏几个优秀的网页，通过欣赏，增强读者对网页设计与制作的兴趣。

图 1-2 所示为北京大学主页。其结构清晰、布局简洁，充分结合了现代教育理念，将学习与网络合理地进行了整合，实现了教学对象广泛、使用方便、时间自由以及节约成本等特点。

图1-2　北京大学主页

图 1-3 所示为海信集团主页。从内容上看，网页注重宣传企业的品牌和形象，以及产品和服务；从结构上看，页面比较简洁，内容布局合理，值得学习和借鉴。

图1-3　海信集团主页

图 1-4 所示为网易体育主页。主体部分的布局模式采用的是左中右三栏结构，这也是常用的网页布局模式之一。在栏目和内容较多时，合理划分栏目结构是非常重要。

图1-4　网易体育主页

图 1-5 所示为百度主页。这个页面比较简洁，除了网站标志和页脚信息，主体部分只有

简单的一行文字和一些表单域。读者在学习网页制作时，如百度这种典雅的用户界面设计是值得借鉴的。

图1-5 百度主页

任务二 认识网页制作工具

本任务首先介绍常用的网页制作工具，然后详细介绍网页制作领域的佼佼者——Dreamweaver。

（一）了解网页制作工具

按工作方式不同，通常可以将网页制作软件分为两类，一类是所见即所得式的网页编辑软件，如 Visual Studio、Dreamweaver、FrontPage、HotMetal 等，另一类是直接编写 HTML 源代码的软件，如 Hotdog、Editplus、HomeSite 等，也可以直接使用所熟悉的文字编辑器来编写源代码，如记事本、写字板等，但要保存成网页格式的文件。这两类软件在功能上各有特色，也都有各自所适应的范围。

由于网页元素的多样化，要想制作出精致美观、丰富生动的网页，单纯依靠一种软件是不行的，往往需要多种软件的互相配合，如网页制作软件 Dreamweaver，图像处理软件 Fireworks 或 Photoshop，动画创作软件 Flash 等。作为一般网页制作人员，掌握这 3 种类型的软件，就可以制作出精美的网页。

（二）了解 Dreamweaver

Dreamweaver 是美国 Macromedia 公司（1984 年成立于美国芝加哥）于 1997 年发布的集网页制作和网站管理于一身的所见即所得式的网页编辑器。2002 年 5 月，Macromedia 发布 Dreamweaver MX，功能强大，而且不需要编写代码就可以在可视化环境下创建应用程序。从此，Dreamweaver 一跃成为专业级别的开发工具。2003 年 9 月，Macromedia 发布 Dreamweaver MX 2004，提供了对 CSS 的支持，促进了网页专业人员对 CSS 的普遍采用。2005 年 8 月，Macromedia 发布 Dreamweaver 8，在以前版本的基础上扩充了主要功能，加强了对 XML 和 CSS 的技术支持，并简化了工作流程。2005 年年底，Macromedia 公司被 Adobe 公司并购，自此，Dreamweaver 就归 Adobe 公司所有。2007 年 7 月，Adobe 公司发布 Dreamweaver CS3，2008 年 9 月发布 Dreamweaver CS4，2010 年 4 月发布 Dreamweaver CS5，2011 年 4 月发布 Dreamweaver CS5.5。

Dreamweaver 是著名的网站开发工具，它使用所见即所得的接口，亦有 HTML 编辑的功能，可以让设计师轻而易举地制作出跨越平台和浏览器限制的充满动感的网页。Dreamweaver 与 Flash、Fireworks 一度被称为网页三剑客，但在 Macromedia 被 Adobe 公司并购后，Dreamweaver 与 Flash、Photoshop 有时也被称为新网页三剑客。

　　对于初学者来说，Deamweaver 的可视化效果让用户比较容易入门，具体表现在两个方面：一是静态页面的编排，这和 Microsoft Office 等办公可视化软件是类似的；二是交互式网页的制作，这是它与其他网页制作软件不同的重要特征。利用 Deamweaver 可以比较容易地制作交互式网页，很容易链接到 Access、SQL Server 等数据库。

　　Dreamweaver 集建立站点、布局网页、开发应用程序、编辑代码和发布网站等功能于一体，可以轻松地完成网站开发的所有工作，因此，得到了广大网页制作者的青睐。

任务三　制作一个简单的网页

　　本任务将通过制作一个简单的网页，让读者认识 Dreamweaver 8 的工作界面。具体包括定义站点、【文件】面板、【属性】面板、【插入】工具栏、【文档】工具栏、【标准】工具栏等。

（一）　定义站点

　　在 Dreamweaver 中，网页通常是在站点中制作的，因此首先需要定义一个站点。

【操作步骤】

1.　运行 Dreamweaver 8 中文版，弹出起始页，如图 1-6 所示。

2.　在起始页中选择【创建新项目】→【Deamweaver 站点】选项，打开【站点定义】对话框，在【您打算为您的站点起什么名字？】文本框中输入站点名字，如图 1-7 所示。

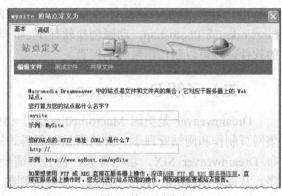

图1-6　起始页　　　　　　　　　　　　　图1-7　输入站点名字

　　【起始页】对话框有 3 项列表：【打开最近项目】、【创建新项目】和【从范例创建】，它们与菜单栏中的【文件】→【打开最近的文件】命令及【文件】→【新建】命令的作用是相同的。

3.　单击 下一步(N) 按钮，在打开的对话框中选择【否，我不想使用服务器技术。】单选按钮，如图 1-8 所示。

4. 单击 下一步(N) > 按钮，在打开的对话框中选择【编辑我的计算机上的本地副本，完成后再上传到服务器（推荐）】单选按钮，文件存储位置根据实际情况确定，如图1-9所示。

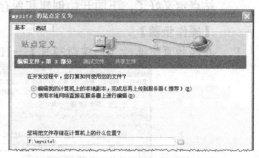

图1-8 选择【否，我不想使用服务器技术】单选按钮　　　　图1-9 设置文件的使用方式和存储位置

5. 单击 下一步(N) > 按钮，在对话框的【您如何连接到远程服务器？】下拉列表中选择"无"选项，如图1-10所示。

6. 单击 下一步(N) > 按钮，显示站点定义信息，如图1-11所示。

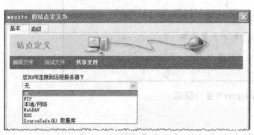

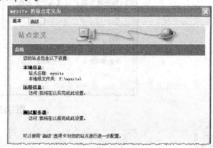

图1-10 确定如何连接到服务器　　　　　　　　　　图1-11 显示站点定义信息

7. 单击 完成(D) 按钮完成设置，如图1-12所示。

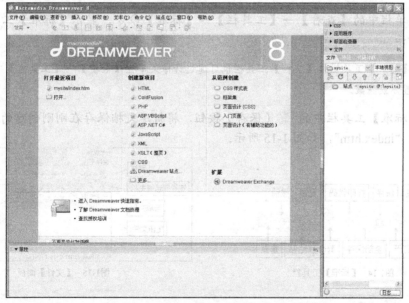

图1-12 站点定义完成

上面简要介绍了定义一个静态站点的基本过程，下面介绍创建和保存文件的方法。

（二） 创建和保存文件

站点定义好了，下面开始创建和保存文件。

【操作步骤】

1. 在起始页中选择【创建新项目】→HTML 选项，创建一个文档，如图 1-13 所示。

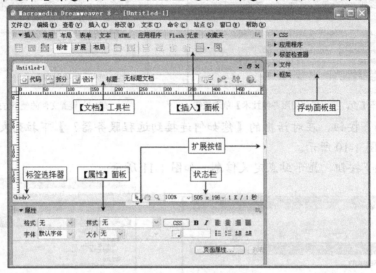

图1-13　Dreamweaver 8 窗口组成

 也可通过菜单栏中的【文件】→【新建】命令或通过【文件】面板来创建文件。

2. 选择菜单栏中的【查看】→【工具栏】→【标准】命令，显示【标准】工具栏，如图 1-14 所示。

 【插入】工具栏和【文档】工具栏也可通过选择菜单栏【查看】→【工具栏】中的相应命令来显示或隐藏。

3. 单击【标准】工具栏中的 📑（保存）按钮，将新建文档保存在刚刚创建的站点中，文件名为 "index.htm"，如图 1-15 所示。

图1-14　【标准】工具栏

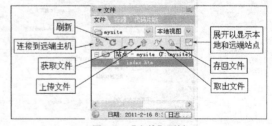

图1-15　【文件】面板

 也可选择菜单栏中的【文件】→【保存】命令或【另存为】命令来保存文件。

【知识链接】

在 Dreamweaver 8 窗口右侧显示的是浮动面板组。通过鼠标拖动面板标题栏左侧的█图标，可以拖曳面板使其浮动在窗口中的任意位置。单击某个浮动面板左侧的▶图标将在标题栏下面显示该浮动面板的内容，此时▶图标也变为▼图标，如果再单击▼图标，该浮动面板的内容将又隐藏起来。浮动面板的显示与隐藏命令都集中在菜单栏中的【窗口】菜单中。

（三） 设置文本属性

文件已经创建完毕并进行了命名保存，下面添加一些文本并进行属性设置。

【操作步骤】

1. 在文档中输入文本，每一行以按 Enter 键结束，如图 1-16 所示。

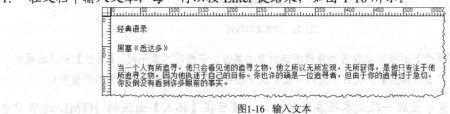

图1-16 输入文本

2. 在【文档】工具栏的【标题】文本框中输入"经典语录"，如图 1-17 所示。它将显示在浏览器的标题栏中。

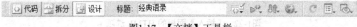

图1-17 【文档】工具栏

【知识链接】

在【文档】工具栏中，单击 █设计 按钮将编辑区域切换到【设计】视图，在其中可以对网页进行编辑；单击 █代码 按钮，可以将编辑区域切换到【代码】视图，在其中可以编写或修改网页源代码；单击 █拆分 按钮，可以将编辑区域切换到【拆分】视图，在该视图中整个编辑区域分为上下两个部分，上方为【代码】视图，下方为【设计】视图；单击 █ 按钮，将弹出一个下拉菜单，如图 1-18 所示。从中可以选择要预览网页的浏览器，还可以选择【编辑浏览器列表】命令添加其他浏览器。

图1-18 下拉菜单

3. 将鼠标光标置于文档标题"经典语录"所在行，在【属性】面板的【格式】下拉列表中选择"标题 1"选项，如图 1-19 所示。

图1-19 设置文档标题格式

在菜单栏中选择【窗口】→【属性】命令即可显示或隐藏【属性】面板。

4. 选择文本"黑塞《悉达多》"，在【属性】面板的【字体】下拉列表中选择"宋体"选项，在【大小】下拉列表中选择"18 像素"选项，如图 1-20 所示。

图1-20　设置文本格式

5. 选择最后一段所有文本，然后在【属性】面板的【字体】下拉列表中选择"宋体"选项，在【大小】下拉列表中选择"18 像素"选项，在【颜色】文本框中输入"#0000FF"，如图 1-21 所示。

图1-21　设置文本格式

> 通过【属性】面板可以设置和修改所选对象的属性。选择的对象不同，【属性】面板的项目也不一样。单击【属性】面板右下角的 △ 按钮或 ▽ 按钮可以隐藏或重新显示高级设置项目。

6. 将鼠标光标置于最后一段文本所在行的后面，然后在【插入】面板的 HTML 选项卡中单击■（水平线）按钮，插入一条水平线，如图 1-22 所示。

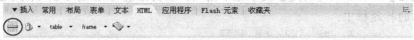

图1-22　【插入】面板的 HTML 选项卡

【知识链接】

在 Dreamweaver 8 中，【插入】面板通常有两种表现形式：制表符格式和菜单格式，如图 1-23 和图 1-24 所示。

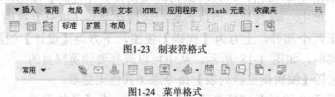

图1-23　制表符格式

图1-24　菜单格式

在制表符格式的【插入】面板标题栏中选择相应的选项，其工具栏中即显示相应的系列工具按钮。通过单击【插入】面板左侧的向下箭头或向右箭头可进行按钮的隐藏或显示。在【插入】面板的标题栏上单击鼠标右键，在弹出的快捷菜单中选择【显示为菜单】命令，【插入】面板即由制表符格式变为菜单格式。

在菜单格式的【插入】面板中，单击左侧的向下箭头，在弹出的菜单中选择相应的命令，其工具栏中即显示相应的系列工具按钮。如果选择【显示为制表符】命令，【插入】面板即由菜单格式转变为制表符格式。

7. 保证水平线处于选中状态，然后在【属性】面板中设置其宽度为"100%"，高度为"3"，对齐方式为"左对齐"，并勾选【阴影】复选框，如图 1-25 所示。

图1-25　设置水平线属性

8. 在菜单栏中选择【文件】→【保存】命令保存文件，效果如图 1-26 所示。

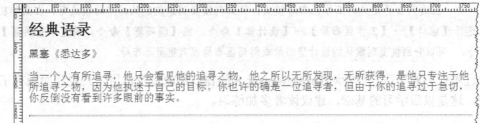

图1-26 文本属性设置后的效果图

（四） 保存工作区布局

在工作区中工具栏和面板是否显示以及显示的位置是可以调整的，调整好的工作区布局是可以保存下的，下面就介绍保存工作区布局的方法。

【操作步骤】

1. 在菜单栏中选择【窗口】→【工作区布局】→【保存当前...】命令，打开【保存工作区布局】对话框。
2. 在【名称】文本框中输入名称，如"我的个性化布局"，如图 1-27 所示。
3. 单击 [确定] 按钮即将当前的工作区进行了保存，名字为"我的个性化布局"，这时在【窗口】→【工作区布局】菜单中增加了【我的个性化布局】选项，如图 1-28 所示。

图1-27 【保存工作区布局】对话框

图1-28 菜单中增加了【我的个性化布局】选项

如果存在多个工作区布局，那么如何管理它们呢？

4. 在菜单栏中选择【窗口】→【工作区布局】→【管理】命令，打开【管理工作区布局】对话框，如图 1-29 所示。
5. 选择【我的个性化布局】选项，单击 [重命名...] 按钮打开【重命名工作区布局】对话框，在【名称】文本框中输入新名字"小王的布局"，然后单击 [确定] 按钮即进行了重新命名，如图 1-30 所示。

图1-29 【管理工作区布局】对话框

图1-30 重命名工作区布局

6. 选择"小王的布局"选项，然后单击 [删除] 按钮将工作区布局命名进行删除。
7. 关闭【管理工作区布局】对话框。

一旦进入自己定义的工作区布局模式，又如何恢复到系统默认的布局模式呢？在菜单栏中选择【窗口】→【工作区布局】→【设计器】命令，或【编码器】命令，或【双重屏幕】命令，可以分别恢复到默认的设计器布局或编码器布局或双重屏幕布局。

通过本任务的学习，读者对 Dreamweaver 8 的窗口组成以及常用工具栏和面板有了一定的认识，这是以后学习的基础，建议读者多加练习。

项目实训 定义站点并创建网页

下面通过实训来增强读者对 Dreamweaver 8 窗口的组成、工具栏和面板的功能及基本操作的感性认识。

要求：定义一个静态站点，然后创建和编排网页文档"shixun.htm"，如图 1-31 所示。

【操作步骤】

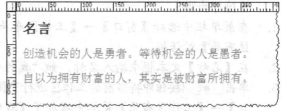

图1-31　制作的网页

1. 打开【站点定义】对话框，在【您打算为您的站点起什么名字？】文本框中输入站点名字"shixun01"。
2. 单击 下一步(N) > 按钮，在打开的对话框中选择【否，我不想使用服务器技术】单选按钮。
3. 单击 下一步(N) > 按钮，在打开的对话框中选择【编辑我的计算机上的本地副本，完成后再上传到服务器（推荐）】单选按钮，文件存储位置根据实际情况确定。
4. 单击 下一步(N) > 按钮，在对话框的【您如何连接到远程服务器？】下拉列表中选择"无"选项。
5. 在站点中新建一个网页文档并保存为"shixun.htm"。
6. 在文档中输入所有文本，每行按 Enter 键结束。
7. 在【文档】工具栏的【标题】文本框中输入"名言"。
8. 在【属性】面板的【格式】下拉列表中设置文档标题"名言"的格式为"标题2"。
9. 在【属性】面板中设置正文字体为"宋体"，大小为"18像素"，颜色为"#FF0000"。
10. 保存文件。

 ## 项目小结

本项目在对一些优秀网页进行赏析的基础上，介绍了常用网页制作工具以及 Dreamweaver 的发展历程、基本功能和作用，通过制作一个简单的网页介绍了 Dreamweaver 8 的窗口组成、常用工具栏、面板等内容。通过本项目的学习，读者能熟练掌握 Dreamweaver 8 的窗口组成及其基本操作。

思考与练习

一、填空题

1. 2005 年 Macromedia 公司被_____公司并购。

2. 最初的网页三剑客是指 Dreamweaver、Flash 与_____。

3. 【插入】面板通常有两种表现形式：制表符格式和_____格式。

二、选择题

1. Dreamweaver 是美国 Macromedia 公司开发的网页编辑器，Macromedia 公司于 1984 年成立于美国（   ）。

    A. 芝加哥   B. 纽约   C. 华盛顿   D. 洛杉矶

2. 不属于网页三剑客的是（   ）。

    A. PaintSho   B. Fireworks   C. Dreamweaver   D. Flash

3. Dreamweaver 8 工作界面中不包括（   ）。

    A. 菜单栏   B. 地址栏   C. 标题栏   D. 面板组

4. 在【插入】→【常用】面板中没有插入（   ）的功能。

    A. 表格   B. 超级链接   C. 图像   D. 水平线

三、简答题

1. Deamweaver 8 的优点、功能和作用有哪些？

2. 【插入】面板有哪两种格式？如何实现它们之间的转换？

四、操作题

1. 将【属性】面板显示出来，然后再隐藏起来。

2. 将当前工作区布局保存为"个人布局模式"，然后再恢复至默认的设计器布局。

项目二

创建和管理站点

本项目主要介绍在 Dreamweaver 8 中创建和管理站点的基本知识,如图 2-1 所示。首先介绍设置首选参数和通过【站点定义】对话框定义站点的操作方法,然后介绍通过【管理站点】对话框管理站点以及创建文件夹和文件的基本方法等。

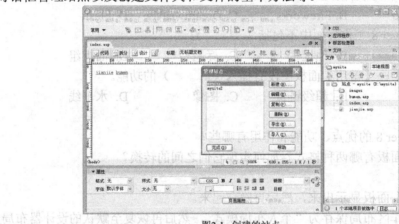

图2-1 创建的站点

任务一 新建站点

本任务主要介绍设置 Dreamweaver 的首选参数和定义新建站点的基本方法。

(一) 设置首选参数

设置 Dreamweaver 首选参数的目的在于定义 Dreamweaver 的使用规则。例如,通过 Dreamweaver 的【首选参数】对话框可以定义 Dreamweaver 新建文档默认的扩展名是什么,在文本处理中是否允许输入多个连续的空格,在定义文本或其他元素外观时是使用 CSS 还是 HTML 标签,以及不可见元素是否显示等。下面介绍设置的基本方法。

【操作步骤】

1. 在菜单栏中选择【编辑】→【首选参数】命令,打开【首选参数】对话框,选择【常规】分类,在【文档选项】中勾选【显示起始页】复选框,在【编辑选项】中勾选【允许多个连续的空格】和【使用 CSS 而不是 HTML 标签】复选框,如图 2-2 所示。

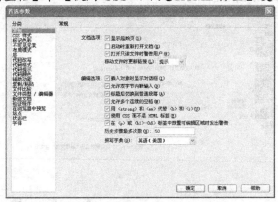

图2-2 【常规】分类对话框

2. 选择【不可见元素】分类,在此可以定义不可见元素是否显示,只需勾选相应的复选框即可,这里建议全部选择,如图 2-3 所示。

图2-3 【不可见元素】分类对话框

3. 选择【复制/粘贴】分类,在此可以定义粘贴到 Dreamweaver 设计视图中的文本格式,如图 2-4 所示。

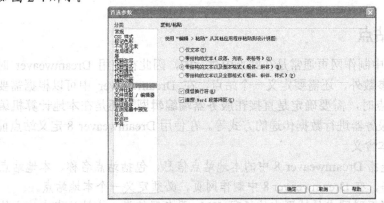

图2-4 【复制/粘贴】分类对话框

4. 选择【新建文档】分类，在【默认文档】下拉列表中选择"HTML"选项，在【默认扩展名】文本框中输入扩展名格式，如".html"或".htm"等，在【默认文档类型】下拉列表中选择"HMTL 4.01 Transitional"选项，在【默认编码】下拉列表中选择"简体中文(GB2312)"选项，如图 2-5 所示。

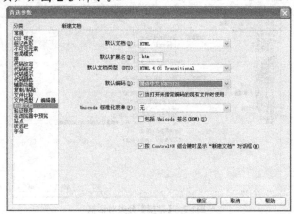

图2-5 【新建文档】分类对话框

5. 单击 确定 按钮，完成设置。

> 在具体制作网页时，需要确认菜单栏中的【查看】→【可视化助理】→【不可见元素】命令是否已经勾选。如果已勾选，此时包括换行符在内的不可见元素都会在文档中显示出来，以帮助设计者确定它们的位置。

【知识链接】

在【首选参数】对话框【新建文档】分类的【默认文档类型】下拉列表中共有 7 个选项，除了"无"选项外，其余选项可分为 HTML 和 XHTML 两种类型。HTML 是超文本标记语言（HyperText Markup Language）的缩写，简单来说就是一种网页标记语言。而XHTML 是扩展超文本标记语言（EXtensible HyperText Markup Language）的缩写，语法要求比 HTML 更严格，用 XHTML 制作的网页能让更多的浏览器接受并准确显示出来。

在 Dreamweaver 中，由于是在可视化环境下制作网页，因此并不需要初学者关心HTML 和 XHTML 实质性的区别，只需选择一种类型的文档，然后编辑器会自动生成一个相应的文档。

（二） 定义站点

在 Dreamweaver 中制作网页通常是在站点中进行的，因此在使用 Dreamweaver 时，除了根据需要设置首选参数外，还需要定义一个站点，在 Dreamweaver 中可以根据需要定义多个站点。在定义站点时，需要确定是直接在服务器端编辑网页还是在本地计算机编辑网页，然后设置与远程服务器进行数据传递的方式等。在使用 Dreamweaver 8 定义站点前，必须明确 3 个概念的基本含义。

- 本地信息：是指 Dreamweaver 8 中的本地站点信息，包括站点名称、本地站点的根文件夹等，在 Dreamweaver 8 中制作网页，必须定义一个本地站点。
- 远程信息：指互联网或局域网中的远程 Web 服务器信息，本地站点内的文件只有上传到远程 Web 服务器后，用户才能正常浏览访问，在本地制作网页期间，如果不需要将远程服务器作为测试服务器，可以不设置远程服务器信息，等到网页全部制作完毕需要上传时，再设置远程服务器信息也不迟。

- 测试服务器：是指用作测试网页能否正常运行的站点，它可以位于本地服务器上，也可以位于远程服务器上，如果制作的网页全部是静态网页，创建的站点是静态站点，不需要设置测试服务器，因为静态网页浏览器能够直接打开，而如果是动态网页，站点是动态站点，这时需要设置测试服务器，在设置测试服务器前，还必须配置好本地的 Web 服务器，这样，动态网页才能在浏览器中打开。

在理解了上面的基本概念后，下面介绍在 Dreamweaver 8 中定义一个本地动态站点（即交互式站点）的基本方法。

【操作步骤】

1. 启动 Dreamweaver 8，在菜单栏中选择【站点】→【新建站点】命令，打开站点定义对话框，在【您打算为您的站点起什么名字】文本框中输入站点的名称，如 "mysite"，如果还没有网站的 HTTP 地址，下方的文本框可不填，如图 2-6 所示。

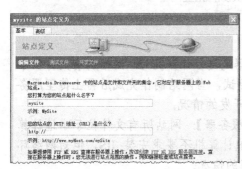 

图2-6　【站点定义】对话框

【知识链接】

【站点定义】对话框有两种状态：【基本】选项卡和【高级】选项卡，这两种方式都可以完成站点的定义工作，不同点如下。

- 【基本】：将会按照向导一步一步地进行，直至完成定义工作，适合初学者。
- 【高级】：可以在不同的步骤或者不同的分类选项中任意跳转，而且可以做更高级的修改和设置，适合在站点维护中使用。

2. 单击 下一步(N)> 按钮，在对话框中选择【是，我想使用服务器技术。】单选按钮，在【哪种服务器技术？】下拉列表中选择【ASP VBScript】选项，如图 2-7 所示。

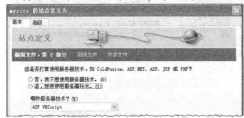 

图2-7　是否使用服务器技术

选择【否，我不想使用服务器技术。】单选按钮表示该站点是一个静态站点，选择【是，我想使用服务器技术。】单选按钮，对话框中将出现【哪种服务器技术？】下拉列表。在实际操作中，读者可根据需要选择所要使用的服务器技术。

3. 单击 下一步(N) > 按钮，在对话框中关于文件的使用方式选择【在本地进行编辑和测试（我的测试服务器是这台计算机）】单选按钮，然后设置网页文件存储的文件夹，如图 2-8 所示。

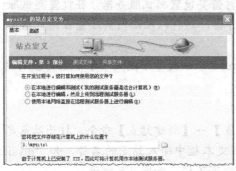

图2-8 选择文件使用方式及存储位置

【知识链接】

关于文件的使用方式共有 3 个选项。

- 【在本地进行编辑和测试（我的测试服务器是这台计算机）】：网站所有文件位于本地计算机中，并且在本地对网站进行测试，当网站制作完成后再上传至服务器，要求本地计算机安装 IIS，适合单机开发的情况。

- 【在本地进行编辑，然后上传到远程测试服务器】：网站所有文件位于本地计算机中，但在远程服务器中测试网站，本地计算机不要求安装 IIS，但对网络环境要求高，适合可以实时连接远程服务器的情况。

- 【使用本地网络直接在远程测试服务器上进行编辑】：在本地计算机中不保存文件，而是直接登录到远程服务器中编辑网站并测试网站，对网络环境要求高，适合于局域网或者宽带连接的广域网的环境。

4. 单击 下一步(N) > 按钮，在【您应该使用什么 URL 来浏览站点的根目录？】文本框中输入站点的 URL（如果没有，保留 "http://localhost" 即可），如图 2-9 所示，单击 测试 URL(T) 按钮，如果出现测试成功提示框，说明本地的 IIS 正常。

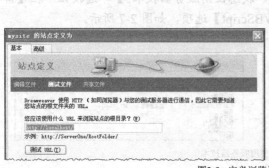

图2-9 定义浏览站点的根目录

5. 单击[下一步(N) >]按钮，在弹出的对话框中单击选中【否】单选按钮，如图2-10所示。

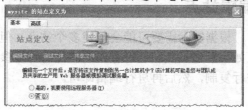

图2-10 是否使用远程服务器

由于在前面的设置中选择的是在本地进行编辑和测试，因此，这里暂不需要使用远程服务器。等到网页文件制作完毕并测试成功后，再上传到服务器端供用户访问。

6. 单击[下一步(N) >]按钮，弹出站点定义总结对话框，单击[完成(D)]按钮结束设置工作。

【知识链接】

在 Dreamweaver 8 的【文件】面板组中默认共有【文件】、【资源】和【代码片断】3 个面板，其中【文件】面板就是站点管理器的缩略图，通常会显示两种状态的其中之一，如图 2-11 所示。左图是没有定义站点时的状态，显示的是本地计算机的信息；右图是已定义站点时的状态，显示的是当前站点的文件及文件夹，而且站点管理的基本功能按钮也会显示在【文件】面板的工具栏中。

图2-11 【文件】面板

在【文件】面板中，单击工具栏右端的 ⬚（展开/折叠）按钮，将展开站点管理器，如图 2-12 所示。再次单击 ⬚ 按钮，将又折叠到【文件】面板状态。如果站点管理器的菜单栏中的命令或者工具栏中的按钮显示为灰色，说明这部分功能目前不可用。

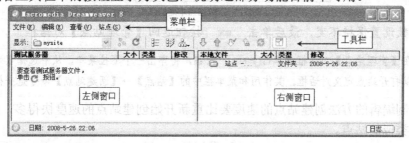

图2-12 【站点管理器】窗口

任务二 管理站点

本任务主要介绍通过【管理站点】对话框管理站点的基本方法。

（一） 复制和编辑站点

在 Dreamweaver 8 中，根据实际需要可能会创建多个站点，但并不是所有的站点都必须从头到尾重新设置一遍。如果新建站点和已经存在的站点有许多参数设置是相同的，可以通过"复制站点"的方法进行复制，然后再进行编辑即可。

【操作步骤】

1. 在菜单栏中选择【站点】→【管理站点】命令打开【管理站点】对话框，如图 2-13 所示。
2. 在列表框中选中站点"mysite"，然后单击 复制(P)... 按钮，如图 2-14 所示。

图2-13 【管理站点】对话框　　　　　　图2-14 复制站点

3. 单击 编辑(E)... 按钮打开站点定义对话框，在【高级】选项卡的【本地信息】分类中，将【站点名称】选项修改为"mysite2"，【本地根文件夹】选项修改为"D:\mysite2\"，如图 2-15 所示。

图2-15 修改站点本地信息

4. 其他参数设置保持不变，最后单击 确定 按钮返回【管理站点】对话框。

　在【管理站点】对话框中单击 新建(N)... 按钮，将弹出一个下拉菜单，从中选择【站点】命令也可以打开站点定义对话框。其作用和菜单栏中的【站点】→【新建站点】命令是一样的。

通过复制编辑的方法创建站点的速度要比重新开始创建站点的速度快得多，但前提是必须存在一个类似的站点。

（二） 导出、删除和导入站点

如果重新安装 Dreamweaver 系统，原有站点的设置信息就会丢失，这时就需要重新创建站点。如果在其他计算机上编辑同一个站点，也需要重新创建站点。这样不仅增加了许多不必要的重复操作，而且也可能设置得不一致，因此需要寻找一个合理的解决办法。下面通过导出、删除和导入站点的操作来介绍解决上述问题的方法。

【操作步骤】

1. 在【管理站点】对话框中选中站点"mysite2"，单击 导出(E)... 按钮，打开【导出站点】对话框，设置导出站点文件的路径和文件名称，如图 2-16 所示。

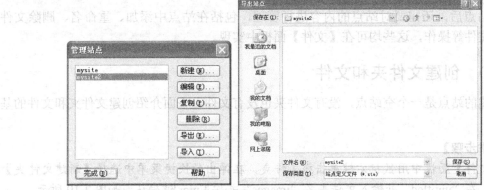

图2-16　导出站点

2. 单击 保存(S) 按钮将保存导出的站点文件。

3. 在【管理站点】对话框中仍然选中站点"mysite2"，然后单击 删除(R) 按钮，这时将弹出提示对话框，单击 是(Y) 按钮将删除该站点，如图 2-17 所示。

图2-17　删除站点

在【管理站点】对话框中删除站点仅仅是删除了在 Dreamweaver 中定义的站点信息，存在磁盘上的相对应的文件夹及其中的文件仍然存在。

4. 在【管理站点】对话框中单击 导入(I)... 按钮，打开【导入站点】对话框，选中要导入的站点文件，单击 打开(O) 按钮即可导入站点，如图 2-18 所示。

图2-18　导入站点

5. 单击 完成(D) 按钮，关闭【管理站点】对话框。

任务三　管理站点内容

创建站点后，还需要对站点的内容进行管理，包括在站点中添加、重命名、删除文件夹、删除文件等操作，这些均可在【文件】面板中实现。

（一）　创建文件夹和文件

新创建的站点是一个空站点，没有文件夹也没有文件。下面介绍创建文件夹和文件的基本方法。

【操作步骤】

1. 在【文件】面板中用鼠标右键单击根文件夹，在弹出的快捷菜单中选择【新建文件夹】命令，在"untitled"处输入文件夹名"images"并按 Enter 键确认，如图 2-19 所示。

> "images"文件夹一般用来存放图像文件，但不要将所有图片都放入根文件夹下的"images"中，否则在网页较多时修改每个分支页面都要到此文件夹里去查找图片，比较麻烦。如果将各分支页面的图片存放在各自的"images"文件夹里修改起来就容易得多。

2. 在【文件】面板中用鼠标右键单击根文件夹，在弹出的快捷菜单中选择【新建文件】命令，在"untitled.asp"处输入文件名"index.asp"，并按 Enter 键确认，然后使用同样的方法创建其他相应的文件，如图 2-20 所示。

图2-19　创建文件夹

图2-20　创建文件

> 这里创建的文件扩展名为什么自动为".asp"呢？这是因为在定义站点的时候，选择了使用服务器技术"ASP VBScript"。如果选择不使用服务器技术，创建的文档扩展名通常为".html"或".htm"。

【知识链接】

一个站点中创建哪些文件夹，通常是根据网站内容的分类进行的。网站内每个分支的所有文件都被统一存放在单独的文件夹内，根据包含的文件多少，又可以细分到子文件夹。文件夹的命名最好遵循一定的规则，以便于理解和查找。

文件夹创建好以后就可在各自的文件夹里面创建文件。当然，首先要创建首页文件。一般首页文件名为"index.htm"、"index.html"或者"default.htm"、"default.html"。如果页面是使用 ASP 语言编写的，那么文件名变为"index.asp"或者"default.asp"。如果是用 ASP.NET 语言编写的，则文件名为"index.aspx"或者"default.aspx"。文件名的开头不能使用数字、运算符等符号，文件名最好也不要使用中文。

（二） 在站点地图中链接文件

下面通过站点地图将上面创建的文件链接起来，读者可通过此操作进一步熟悉站点管理器的使用方法。

【操作步骤】

1. 在菜单栏中选择【站点】→【管理站点】命令，打开【管理站点】对话框，在站点列表中选择"mysite"，然后单击 编辑(E)... 按钮，在弹出的对话框中切换至【高级】选项卡，选择【站点地图布局】分类，在【主页】文本框中定义好本站点的主页，如图2-21所示，最后关闭对话框。

图2-21 【站点地图布局】分类对话框

2. 在【文件】→【文件】面板中单击 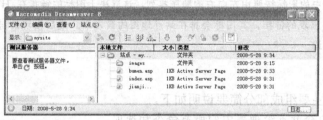 （展开/折叠）按钮，展开站点管理器，如图 2-22 所示。

图2-22 站点管理器

3. 单击 （站点地图）按钮，从其下拉菜单中选择【地图和文件】命令，则管理器窗口变成图 2-23 所示的状态。

图2-23 站点地图

4. 单击左侧站点导航中的 "index.asp" 图标，然后依次拖曳其右上方的 图标到右侧本地文件夹中相应的文件上，这样就建立了主页文件和其他文件的链接，如图2-24所示。

图2-24 建立文件链接的站点地图

5. 双击主页文件"index.htm"，会看到主页文档中自动添加了带有超级链接的文本，如图 2-25 所示。

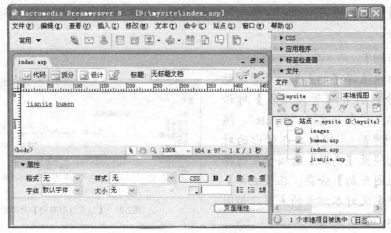

图2-25 主页文档中添加了带有超级链接的文本

> 站点地图中的图标按照由左向右的顺序排列，这取决于图标的链接在 HTML 源代码中出现的顺序。最早出现的链接，其图标会排在站点地图的最左端。最后出现的链接，其图标排在站点地图的最右端。

【知识链接】

站点管理器的主要组成部分简要说明如下。

- 菜单栏：包含站点管理器中的所有命令和选项。
- 工具栏：（连接到远端主机）按钮、（刷新）按钮、（站点文件）按钮、（测试服务器）按钮、（站点地图）按钮、（查看站点 FTP 日志）按钮、（获取文件）按钮、（上传文件）按钮、（取出文件）按钮、（存回文件）按钮、（同步）按钮、（展开/折叠）按钮等和【显示】下拉列表框。
- 左侧窗口：显示网站的站点地图或者远程服务器中的文件列表。
- 右侧窗口：显示本地计算机中所定义的网站文件列表。

站点管理器主要用来管理文件及文件夹，在后期的网站维护中将起到非常重要的作用。

项目实训 导入和导出站点

本项目主要介绍了新建和管理站点及其内容的基本方法，通过本实训将让读者进一步巩固导入和导出站点的方法。

要求：从素材文件夹中导入站点"myownsite"，然后对站点名称和保存位置进行修改，最后导出站点信息，文件名为"myownsite2"。

【操作步骤】

1. 在【管理站点】对话框中单击 导入(I)... 按钮，打开【导入站点】对话框，选中要导入的站点文件，单击 打开(0) 按钮导入站点。

2. 选中导入的站点，单击 按钮，打开【站点定义】对话框，修改站点名称和保存位置。

3. 选中要导出的站点，单击 按钮，打开【导出站点】对话框，设置导出站点文件的路径和文件名称。

 项目小结

本项目主要介绍了新建和管理站点的基本知识，包括设置首选参数的方法、定义站点的方法、复制和编辑站点的方法、导入和导出站点的方法、删除站点的方法、创建文件夹和文件的方法、在站点地图中链接文件的方法等。希望读者通过本项目的学习，能够熟练掌握在 Dreamweaver 8 中创建和管理站点的基本知识。

 思考与练习

一、填空题

1. 【站点定义】对话框有两种状态：【基本】和【_____】选项，这两种方式都可以完成站点的定义工作。

2. 站点定义完成后可以根据需要对站点进行编辑或删除操作，具体可通过选择【站点】→【_____】命令打开【管理站点】对话框来进行。

3. 在 Dreamweaver 中，可以通过设置【_____】来定义 Dreamweaver 的使用规则。

二、选择题

1. 【文件】面板组中的（　　　）面板就是站点管理器的缩略图。

    A. 文件　　　　　　B. 资源　　　　　　C. 代码片断　　　　　　D. 行为

2. 在【站点管理器】窗口中，表示连接到远端主机的工具按钮是（　　　）。

    A.   B.   C.   D.

3. 新建网页文档的快捷键是（　　　）。

    A. Ctrl+C　　　　B. Ctrl+N　　　　C. Ctrl+V　　　　D. Ctrl+O

4. 以下关于【首选参数】对话框的说法，错误的是（　　　）。

    A. 可以设置是否显示起始页

    B. 可以设置是否允许输入多个连续的空格

    C. 可以设置是否使用 CSS 而不是 HTML 标签

    D. 可以设置默认文档名

三、简答题

举例说明通过【首选参数】对话框可以设置 Dreamweaver 的哪些使用规则。

四、操作题

在 Dreamweaver 8 中定义一个名称为"MyBokee"的站点，文件位置为"X:\MyBokee"（X 为盘符），要求在本地进行编辑和测试，并使用"ASP VBScript"服务器技术，然后创建"images"文件夹和"index.asp"主页文件。

项目三

文本——编排奥斯卡网页

对网页文本进行编排，不仅可使网页内容更加充实，而且可使页面更加美化。本项目以编排奥斯卡网页为例，介绍对网页文本进行格式设置的基本方法，如图 3-1 所示。在本项目中，将按添加文本、编排文本格式、完善网页的顺序进行介绍。

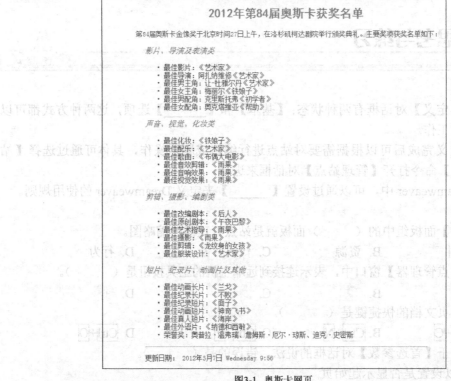

图3-1 奥斯卡网页

学习目标

- 学会设置页面属性的方法。
- 学会设置文本字体、大小和颜色的方法。
- 学会设置段落、换行和列表的方法。
- 学会设置文本样式和对齐方式的方法。
- 学会设置文本缩进和凸出的方法。
- 学会插入水平线和日期的方法。

【设计思路】

本项目设计的是一个关于奥斯卡电影获奖名单的网页，这是一个纯文本的网页。网页主要由标题、正文和编排日期构成，正文部分又使用了小标题，小标题下面通过项目列表的方式显示相应的内容。整个页面安排清晰自然，给人一目了然的感觉。

任务一 添加文本

本项目是编排新闻网页，因此添加文本是一项重要的任务。下面就开始新建一个网页文件并添加文本。通过本任务的学习，掌握添加文本的基本方式：直接输入、导入和复制粘贴。

【操作步骤】

图3-2 【新建文档】对话框

1. 定义一个本地静态站点，然后将素材文件复制到站点根文件夹下。
2. 在菜单栏中选择【文件】→【新建】命令，打开【新建文档】对话框，如图3-2所示。
3. 在【常规】选项卡的【类别】列表框中选择【基本页】分类，在【基本页】列表框中选择【HTML】选项，在【文档类型】下拉列表中选择"HTML 4.01 Transitional"选项，然后单击 创建(R) 按钮，创建一个新文档。
4. 在菜单栏中选择【文件】→【另存为】命令，打开【另存为】对话框，将文件保存在站点中，文件名为"index.htm"，如图3-3所示。

> 在 Dreamweaver 8 中创建网页文件常用的方法有 3 种：
> * 从起始页的【创建新项目】或【从范例创建】列表中选择相应命令。
> * 在【文件】面板中站点根文件夹的右键快捷菜单中选择【新建文件】命令。
> * 在菜单栏中选择【文件】→【新建】命令或按 Ctrl+N 组合键。

5. 在文档中输入文档标题"2012 年第 84 届奥斯卡获奖名单"，然后按 Enter 键将光标移到下一段。
6. 在菜单栏中选择【文件】→【导入】→【Word 文档】命令，打开【导入 Word 文档】对话框，选择"项目素材"文件夹中的"奥斯卡 1.doc"文件，在【格式化】下拉列表中选择"文本、结构、基本格式（粗体、斜体）"选项，如图3-4所示。

图3-3 【另存为】对话框

图3-4 【导入 Word 文档】对话框

7. 单击 打开(0) 按钮，将 Word 文档内容导入到网页文档中，如图 3-5 所示。

> 2012年第84届奥斯卡获奖名单
>
> 第84届奥斯卡金像奖于北京时间27日上午，在洛杉矶柯达剧院举行颁奖典礼。主要奖项获奖名单如下：

图3-5　导入 Word 文档

8. 按 Enter 键将光标移到下一段，打开素材文件"奥斯卡2.doc"，全选并复制所有文本。

9. 在 Dreamweaver 8 的菜单栏中选择【编辑】→
【选择性粘贴】命令，打开【选择性粘贴】对话框，在【粘贴为】选项中选择【带结构的文本以及基本格式（粗体、斜体）】单选按钮，取消对【清理 Word 段落间距】复选框的勾选，如图 3-6 所示。

图3-6　【选择性粘贴】对话框

> 说明　单击 粘贴首选参数(P)... 按钮可打开【首选参数】对话框进行复制粘贴参数设置。在以后进行复制粘贴时，将以此设置作为默认参数设置。

10. 单击 确定 按钮，将 Word 文档内容粘贴到 Dreamweaver 8 的文档中，如图 3-7 所示。

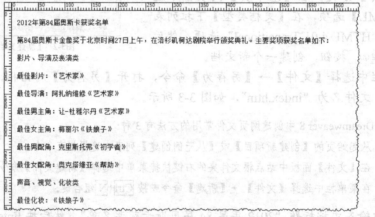

> 2012年第84届奥斯卡获奖名单
>
> 第84届奥斯卡金像奖于北京时间27日上午，在洛杉矶柯达剧院举行颁奖典礼。主要奖项获奖名单如下：
>
> 影片、导演及表演类
>
> 最佳影片：《艺术家》
>
> 最佳导演：阿扎纳维修《艺术家》
>
> 最佳男主角：让-杜雅尔丹《艺术家》
>
> 最佳女主角：梅丽尔《铁娘子》
>
> 最佳男配角：克里斯托弗《初学者》
>
> 最佳女配角：奥克塔维亚《帮助》
>
> 声音、视觉、化妆类
>
> 最佳化妆：《铁娘子》

图3-7　粘贴文本

> 说明　在【选择性粘贴】对话框中，选择不同的粘贴选项以及是否勾选【清理 Word 段落间距】选项，复制粘贴后的文本形式是有差别的，读者可通过实际练习加以体会。

11. 在菜单栏中选择【文件】→【保存】命令再次保存文件。

【知识链接】

在文档窗口中，每按一次 Enter 键就会生成一个段落。按 Enter 键的操作通常称为"硬回车"，段落就是带有硬回车的文本组合。由硬回车生成的段落，其 HTML 标签是"<p>文本</p>"。使用硬回车划分段落后，段落与段落之间会产生一个空行间距。如果希望文本换行后不产生段落间距，可以插入换行符。插入换行符的方法是在菜单栏中选择【插入】→【HTML】→【特殊字符】→【换行符】命令，也可以按 Shift+Enter 组合键。其中 HTML 标签是"
"。使用换行符可以使文本换行，但这不等于重新开始一个段落，只有按 Enter 键才能重新开始一个段落。

任务二　编排文本格式

文本已经添加完了，下面编排文本的格式，包括字体格式、对齐方式、列表的应用及文本的凸出和缩进等。

（一）　设置文档标题格式

下面设置文档标题格式，首先通过【属性】面板的【格式】下拉列表定义标题的格式，然后通过【页面属性】对话框的【标题】分类重新定义所选标题格式的样式。

【操作步骤】

1. 将鼠标光标置于文档标题"2012 年第 84 届奥斯卡获奖名单"所在行，然后在【属性】面板的【格式】下拉列表中选择"标题 2"选项，如图 3-8 所示。

图3-8　设置标题格式

2. 在【属性】面板中单击 页面属性... 按钮，打开【页面属性】对话框，然后在【分类】列表中选择【标题】分类，重新定义标题字体和"标题 2"的大小和颜色，如图 3-9 所示。

图3-9　重新定义"标题 2"的字体、大小和颜色

3. 单击 确定 按钮关闭对话框，然后在【属性】面板中单击 三（居中对齐）按钮使标题居中显示，如图 3-10 所示。

图3-10　重新定义【标题 2】格式和居中对齐的效果

【知识链接】

在设计网页时，一般都会加入一个或多个文档标题，用来对页面内容进行概括或分类。为了使文档标题醒目，Dreamweaver 8 提供了 6 种标准的样式"标题 1"至"标题 6"，可以在【属性】面板的【格式】下拉列表中进行选择。当将标题设置成"标题 1"至"标题 6"

中的某一种时，Dreamweaver 8 会按其默认设置显示。当然也可以通过【页面属性】对话框的【标题】分类来重新设置"标题1"至"标题6"的字体、大小和颜色属性。

　　文本的对齐方式通常有4种：【左对齐】、【居中对齐】、【右对齐】和【两端对齐】。可以依次通过单击【属性】面板中的 ≣ 按钮、≣ 按钮、≣ 按钮和 ≣ 按钮来实现，也可以通过在菜单栏或右键快捷菜单中选择【文本】→【对齐】级联菜单命令来实现。如果设置多个段落的对齐方式，则需要先选中这些段落。

（二）设置正文格式

下面开始设置正文文本的格式。

【操作步骤】

1. 在【属性】面板中单击 [页面属性...] 按钮，打开【页面属性】对话框，在【外观】分类中定义页面文本的字体、大小和颜色，如图3-11所示。

图3-11　定义页面文本的字体、大小和颜色

> 在【页面属性】对话框中设置的字体、大小和颜色等，将对当前网页中所有的文本都起作用，除非通过【属性】面板或其他方式对当前网页中的某些文本的属性进行了单独定义。

2. 单击 [确定] 按钮，关闭对话框，这时文本的格式发生了变化，如图3-12所示。

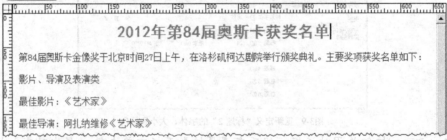

图3-12　文本的格式发生了变化

3. 将鼠标光标置于第一段的开头，连续按 Space 键，直到空出约两个汉字的位置。

> 如果按 Space 键无法输入空格，可在【首选参数】对话框的【常规】分类中勾选【允许多个连续的空格】复选框。

4. 选择文本"影片、导演及表演类"，在【属性】面板的【字体】下拉列表中选择"黑体"选项，在【大小】下拉列表中选择"16像素"选项，在【颜色】文本框中输入"#FF0000"，然后单击 *I* （斜体）按钮使文本斜体显示，如图3-13所示。

图3-13　设置文本属性

【知识链接】

广义的文本字体属性通常包括文本的字体、字号、颜色等，可以通过【属性】面板中的【字体】、【大小】、【颜色】等选项或【文本】菜单中的【字体】、【大小】、【颜色】等命令来设置。在【属性】面板的【字体】下拉列表中，有些字体列表每行有 3～4 种不同的字体，这些字体以逗号隔开。浏览器在显示时，首先会寻找第 1 种字体，如果没有就继续寻找下一种字体，以确保计算机在缺少某种字体的情况下，网页的外观不会出现大的变化。如果【字体】下拉列表中没有需要的字体，可以选择【编辑字体列表】选项，打开【编辑字体列表】对话框进行添加，如图 3-14 所示。单击➕按钮或➖按钮，将会在【字体列表】中增加或删除字体列表，单击🔼按钮或🔽按钮，将会在【字体列表】中上移或下移字体列表。单击《或》按钮将会从【选择的字体】列表框中增加或删除字体列表。

在【属性】面板的【大小】下拉列表中，文本大小有两种表示方式，一种用数字表示，另一种用中文表示。如果选择"无"选项，则表示保持系统默认的大小。当选择数字时，其后面会出现字体大小的单位列表，通常选择【像素（px）】选项。

在【属性】面板的【颜色】文本框中选项可以直接输入颜色代码，也可以单击【属性】面板上的【颜色】按钮，打开调色面板直接选择相应的颜色，如图 3-15 所示。单击系统颜色拾取器◉按钮，还可以打开【颜色】拾取器调色板，从中选择更多的颜色。通过设置【红】、【绿】、【蓝】的值（0～255），可以有"256×256×256"种颜色供选择。

在【属性】面板中，单击 **B** 按钮或 *I* 按钮可以设置文本粗体或斜体样式。在菜单栏的【文本】→【样式】中选择相应的命令也可以对文本设置简单的样式，如添加"下划线"、"删除线"等。在【插入】面板中选择【文本】选项，将出现【文本】工具面板，从中单击相应的按钮也可以设置粗体或斜体样式。

图3-14 【编辑字体列表】对话框

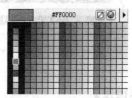

图3-15 调色面板

5. 依次将鼠标光标置于其他类似文本所在行，然后在【属性】面板的【样式】下拉列表框中选择"STYLE1"选项，效果如图 3-16 所示。

在设置完"1984 年洛杉矶奥运会口号:"的字体、大小、颜色等属性后，在【属性】面板的【样式】下拉列表中出现了相应的样式名称"STYLE1"，如果继续设置其他样式，其名称将会按顺序依次排下去。如果其他文本要使用同样的设置，只要选中文本并选择该样式即可。当然，这里使用样式设置文本字体等属性的前提是在【首选参数】的【常规】分类中已经设置了【使用 CSS 而不是 HTML 标签】选项。

说明

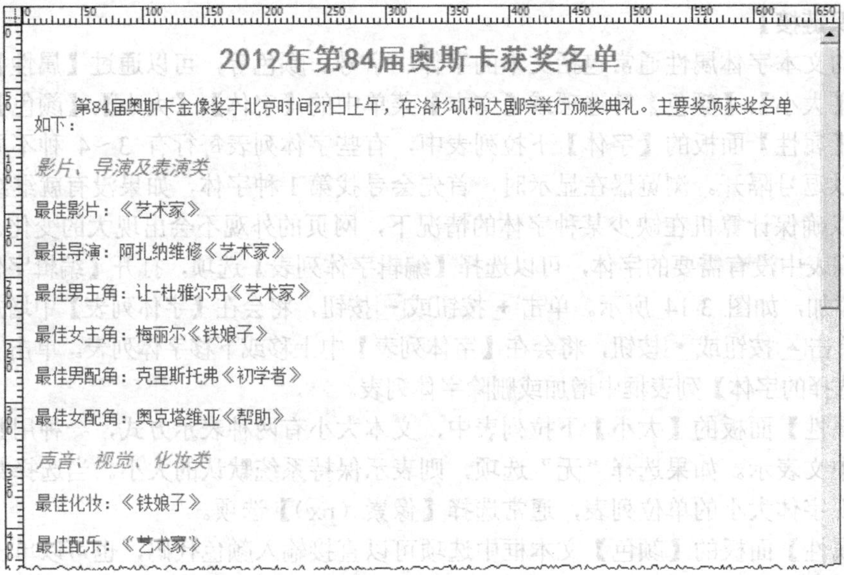

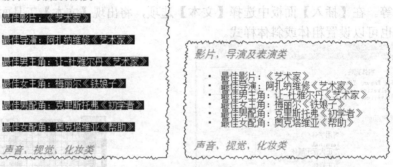

图3-16　设置文本样式

6. 选中 "影片、导演及表演类" 所在行下面的相关文本，在【属性】面板中单击 ☰（项目列表）按钮使文本按照项目列表方式排列，然后运用同样的方法设置其他类似的文本，如图 3-17 所示。

图3-17　设置项目列表

【知识链接】

列表是一种简单而实用的段落排列方式，最经常使用的两种列表是项目列表和编号列表。

在【属性】面板中，单击 ☰ 按钮或 ☷ 按钮可以给文本设置项目列表或编号列表格式。在菜单栏的【文本】→【列表】中选择相应的命令也可以对文本设置列表格式。在【插入】面板中选择【文本】选项，在【文本】工具面板中单击相应的按钮也可以设置列表格式。

如果对默认的列表不满意，可以进行修改。将光标放置在列表中，然后在菜单栏中选择【文本】→【列表】→【属性】命令，打开【列表属性】对话框。当在【列表类型】下拉列表中选择 "项目列表" 选项时，对应的【样式】下拉列表中的选项有 "默认"、"项目符号" 和 "正方形"；当在【列表类型】下拉列表中选择 "编号列表" 选项时，对应的【样式】下拉列表中的选项发生了变化，【开始计数】选项也处于可用状态，通过【开始计数】选项，可以设置编号列表的起始编号，如图 3-18 所示。

图3-18　【列表属性】对话框

7. 选择"主要奖项获奖名单如下："下面的所有文本，然后在【属性】面板中单击 ≡（文本缩进）按钮使文本向内缩进 1 次，如图 3-19 所示。

图3-19　文本缩进

8. 在菜单栏中选择【文件】→【保存】命令再次保存文件。

【知识链接】

在文档排版过程中，有时会遇到需要使某段文本整体向内缩进或向外凸出的情况。在菜单栏或右键快捷菜单中选择【文本】→【缩进】或【凸出】命令，或者单击【属性】面板上的 ≡ 按钮或 ≡ 按钮，可以使段落整体向内缩进或向外凸出。

任务三　完善网页

本任务继续对页面进行完善，主要包括设置网页背景、页边距，同时插入水平线、更新日期，最后设置显示在浏览器标题栏的标题等。

【操作步骤】

1. 在【属性】面板中单击 页面属性... 按钮，打开【页面属性】对话框，在【外观】分类中设置背景图像为"images/bg.jpg"，"不重复"，左右边距均为"50 像素"，上边距为"20 像素"，如图 3-20 所示。
2. 单击 确定 按钮，结果如图 3-21 所示。

图3-20　设置背景图像和页边距

图3-21 设置背景图像和页边距后的效果

3. 将鼠标光标置于最后一行文本的后面，连续按 Enter 键两次重起一段，然后在菜单栏中选择
【插入】→【HTML】→【水平线】命令，插入一条水平线。

4. 将鼠标光标移到下一段，输入文本 "更新日
期:"，然后在菜单栏中选择【插入】→【日期】
命令，打开【插入日期】对话框。在【星期格
式】下拉列表中选择 "Thursday，" 选项，在
【日期格式】列表框中选择 "1974-03-07" 选
项，在【时间格式】下拉列表中选择 "22:18"
选项，并勾选【储存时自动更新】复选框，如
图 3-22 所示。

图3-22 【插入日期】对话框

只有在【插入日期】对话框中勾选【储存时自动更新】复选框的前提下，才能够做到单击
日期后显示日期编辑【属性】面板，否则插入的日期仅仅是一段文本而已。

5. 设置完毕后，单击 确定 按钮加以确认，效果如图 3-23 所示。

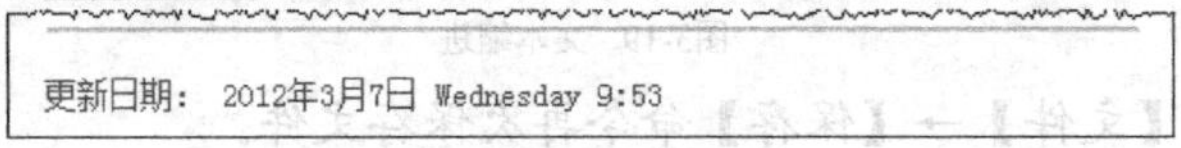

更新日期: 2012年3月7日 Wednesday 9:53

图3-23 插入日期

6. 在【属性】面板中单击 页面属性... 按钮，打开【页面属性】对话框，在【标题/编
码】分类的【标题】文本框输入文本 "2012 年第 84 届奥斯卡获奖名单"，然后单击
确定 按钮关闭对话框，如图 3-24 所示。

图3-24 设置浏览器标题

7. 在菜单栏中选择【文件】→【保存】命令保存文件。

项目实训 设置文档格式

本项目主要介绍了编排文本的基本方法，通过本实训将让读者进一步巩固所学的基本知识。

要求：将素材文件中的 Word 文档内容复制粘贴到网页文档中，然后进行格式设置，如
图 3-25 所示。

电影奥斯卡金像奖的由来

1927年5月4日，当时美国电影界的36位领导人在一次集会上发起组织一个以促进电影艺术和技术为宗旨的非赢利团体。这就是美国电影艺术与科学学院的前身。电影界领导人梅耶建议学院办颁奖的方式，为正在繁荣和发展中的电影业带来了声望和荣誉的人颁奖，于是便产生了学院奖。选定了24岁的雕塑家乔治·斯坦利创作的镀金雕像作为奖品，因为塑像为金色，故称金像奖。首届金像奖的颁奖仪式是1929年5月16日在好莱坞罗斯福饭店举行的。当时，这项活动只限于电影界内部，报道与金像奖有关的活动也只有当地的《洛杉矶时报》。

1931年，第4次授奖时，该学院图书馆的图书管理员玛格丽特·赫利奇看到金像，无意中说了句："这个人像，使我想起了我的叔父。"原来，她的叔父就是大名鼎鼎的戏剧家奥斯卡·沃尔德。她说的那问话，恰巧被一伙新闻记者听到了，于是就被广泛宣扬出去，人们便不约而同地把这项学院奖称作"奥斯卡金像奖"了。玛格丽特·赫利奇后来成为该学院的副院长。1934年，洛杉矶广播电台首次对奥斯卡金像奖颁奖仪式作了一小时的实况广播，在美国引起了轰动，人们把这次实况广播称为奥斯卡金像奖发展史上的一个里程碑。

金像是一个欧洲中世纪武士的全身像。虽号称"金像"，却仅用了24K黄金装饰表面，实际上是用铜和铝等金属塑造的，重3850克，高35厘米。这个象征巨大荣誉的奖品并不在于它本身的造价（制造费每座为400美元），而在于评奖之严格和获奖者之廖寥无几。金像奖共有12个类别。评选分两个步骤。每年年初，院方召集全体会员，评审前一年发行的影片。会员们以投票方式选出自己认为最好的5部影片及最好的5位演员，但每人只能选两大类别，即最佳电影奖和自己所属的专业奖（例如演员会员选演员，编剧选编剧等等）。在投票结果统计出来之后，院方把被提名的名单发给会员，再进行第二次选举，得出最后结果。奥斯卡奖评选慎重，计票公平（特请一家国际统计公司负责），尤其是参加评选的都是各方面的专业人才，因此评选质量较高，受到各界重视。

图3-25 设置文档格式

【操作步骤】

1. 新建网页文档"shixun.htm"，然后打开 Word 文档，全选并复制所有文本。

2. 通过选择 Dreamweaver 8 菜单栏中的【编辑】→【选择性粘贴】命令，将 Word 文档内容粘贴到网页文档中。在【选择性粘贴】对话框的【粘贴为】选项中选择【带结构的文本以及基本格式（粗体、斜体）】单选按钮，并取消勾选【清理 Word 段落间距】复选框。

3. 设置【页面属性】对话框。在【外观】分类中设置所有页边距均为"10 像素"，在【标题/编码】分类中设置显示在浏览器标题栏的标题为"电影奥斯卡金像奖的由来"。

4. 在【属性】面板中设置文档标题"电影奥斯卡金像奖的由来"的格式为"标题 1"，并使其居中显示。

5. 在【属性】面板中设置正文所有文本的字体为"宋体"，大小为"14 像素"。

6. 通过菜单栏中的【文本】→【样式】→【下划线】命令设置正文中出现的文本"玛格丽特·赫利"样式。

7. 保存文件。

 项目小结

本项目涉及的知识点概括起来主要有：① 添加文本的方式，包括直接输入、复制、粘贴和导入；② 【页面属性】的设置，包括页面字体、文本大小、文本颜色、背景图像、页边距、文档标题格式的重新定义及浏览器标题等；③ 文本【属性】面板的使用，包括标题格式、文本字体、文本大小、文本颜色、对齐方式、文本样式、项目列表和编号列表、文本缩进和凸出等；④ 插入水平线和日期的方法。

总之，本项目介绍的内容是最基础的知识，希望读者多加练习，为后续的学习打下基础。

思考与练习

一、填空题

1. 在文档窗口中，每按一次＿＿＿＿＿键就会生成一个段落。

2. 文本的对齐方式通常有 4 种：【左对齐】、【居中对齐】、【右对齐】和【＿＿＿＿＿】。

3. 如果【字体】下拉列表中没有需要的字体，可以选择【＿＿＿＿＿】选项打开【编辑字体列表】对话框进行添加。

4. 通过【页面属性】对话框的【＿＿＿＿＿】分类，可以设置当前网页在浏览器标题栏显示的标题以及文档类型和编码。

5. 在菜单栏中选择【插入】→【HTML】→【＿＿＿】命令，在文档中插入一条水平线。

二、选择题

1. 按（　　　　）组合键可在文档中插入换行符。

   A. Ctrl+Space　　　B. Shift+Space　　　C. Shift+Enter　　　D. Ctrl+Enter

2. 换行符的 HTML 标签是（　　　　）。

   A. <p>　　　　　　B.
　　　　　　C. <B>　　　　　　D. <I>

3. 通过【页面属性】对话框的（　　　　）分类，可以设置当前网页的背景颜色、背景图像、页边距等。

   A. 外观　　　　　　B. 链接　　　　　　C. 标题　　　　　　D. 标题/编码

4. 列表是一种简单而实用的段落排列方式，最经常使用的两种列表是项目列表和（　　　　）列表。

   A. 数字　　　　　　B. 符号　　　　　　C. 顺序　　　　　　D. 编号

5. Dreamweaver 8 提供的编号列表的样式不包括（　　　　）。

   A. 数字　　　　　　B. 字母　　　　　　C. 罗马数字　　　　　D. 中文数字

三、简答题

1. 通过【页面属性】对话框和【属性】面板都可以设置文本的字体、大小和颜色，它们有何差异？

2. 常用的列表类型有哪些？

四、操作题

根据操作提示编排"第 84 届奥斯卡花絮"网页，如图 3-26 所示。

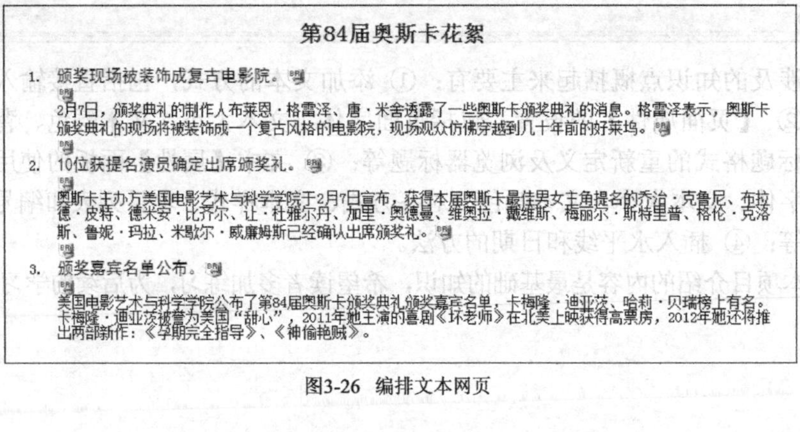

第84届奥斯卡花絮

1. 颁奖现场被装饰成复古电影院。

   2月7日，颁奖典礼的制作人布莱恩·格雷泽、唐·米舍透露了一些奥斯卡颁奖典礼的消息。格雷泽表示，奥斯卡颁奖典礼的现场将被装饰成一个复古风格的电影院，现场观众仿佛穿越到几十年前的好莱坞。

2. 10位获提名演员确定出席颁奖礼。

   奥斯卡主办方美国电影艺术与科学学院于2月7日宣布，获得本届奥斯卡最佳男女主角提名的乔治·克鲁尼、布拉德·皮特、德米安·比奇尔、让·杜雅尔丹、加里·奥德曼、维奥拉·戴维斯、梅丽尔·斯特里普、格伦·克洛斯、鲁妮·玛拉、米歇尔·威廉姆斯已经确认出席颁奖礼。

3. 颁奖嘉宾名单公布。

   美国电影艺术与科学学院公布了第84届奥斯卡颁奖典礼颁奖嘉宾名单，卡梅隆·迪亚茨、哈莉·贝瑞榜上有名。卡梅隆·迪亚茨被誉为美国"甜心"，2011年她主演的喜剧《坏老师》在北美上映获得高票房，2012年她还将推出两部新作：《学期完全指导》、《神偷艳贼》。

图3-26　编排文本网页

【操作提示】

（1）新建一个文档"lianxi.htm"，然后将"课后习题\素材"文件夹下的"第84届奥斯卡花絮.doc"文档内容复制或导入到文档中，要求保留带结构的文本及基本格式，不要清理Word段落间距。

（2）设置页面属性：页边距全部为"20"，文本字体为"宋体"，大小为"14 像素"，浏览器标题栏显示的标题为"第84届奥斯卡花絮"。

（3）将文档标题"第84届奥斯卡花絮"设置为"标题2"并居中显示。

（4）设置所有正文文本为编号列表排列。

（5）在前两段文本后面分别加两个换行符，在每段正文文本的首句后面分别加两个换行符。

（6）将3个小标题文本的字体设置为"黑体"，大小设置为"16像素"。

（7）保存文档。

项目四

图像和媒体——编排新闻网页

网页中的图像和媒体，不仅可使页面更加有声有色，而且可以更好地配合文本传递信息。本项目以图 4-1 所示的新闻网页为例，介绍有关图像和媒体的基本知识。在本项目中，首先介绍插入图像占位符和图像以及设置图像属性的方法，然后介绍插入 Flash 动画、图像查看器和 ActiveX 视频的方法。

图4-1 新闻网页

学习目标

掌握网页中常用图像的基本格式。

学会设置网页背景图像的方法。

学会在网页中插入图像占位符的方法。

学会在网页中插入图像和设置图像属性的方法。

学会在网页中插入 Flash 动画的方法。

学会在网页中插入图像查看器的方法。

学会在网页中插入 ActiveX 视频的方法。

【设计思路】

本项目设计的是一个新闻网页，报道教学名师外出考察学习的情况。页面编排图文并茂，且注意图文混排的方式，给人一种清新自然的感觉。

任务一　插入图像

网页中图像的作用基本上可分为两种：一种是起装饰作用，如背景图像、网页中起划分区域作用的边框或线条等；另一种是起传递信息作用，如网页中插入的诸如新闻图片、旅游图片等，它和文本的作用是一样的。目前，网页中经常使用的图像格式是 GIF 和 JPG。GIF格式文件小、支持透明色、下载时具有从模糊到清晰的效果，是网页中经常使用的图像格式。JPG 格式为摄影提供了一种标准的有损耗压缩方案，比较适合处理照片一类的图像。

本任务首先向网页中插入一个图像占位符，然后插入图像并设置图像属性。

（一）　插入图像占位符

下面首先设置网页背景图像，然后插入图像占位符。

【操作步骤】

1. 首先定义一个本地静态站点，然后将素材文件复制到站点根文件夹下。
2. 在【文件】面板的列表中双击打开网页文件"index.htm"。
3. 单击【属性】面板的 页面属性... 按钮，打开【页面属性】对话框，在【外观】分类中单击 浏览(B)... 按钮打开【选择图像源文件】对话框，在【查找范围】下拉列表中选择网页背景图像文件"images/bg.jpg"，如图 4-2 所示，然后单击 确定 按钮，关闭【选择图像源文件】对话框。

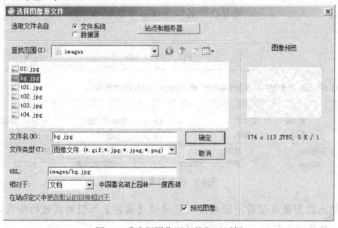

图4-2　【选择图像源文件】对话框

> 在【相对于】下拉列表中选择"文档"选项，【URL】将使用文档相对路径"images/bg.gif"，选择"站点根目录"选项，【URL】将使用站点根目录相对路径"/images/bg.gif"。如果勾选【预览图像】复选框，选定图像的预览图会显示在对话框的右侧。

4. 在【页面属性】对话框【外观】分类的【重复】下拉列表中选择"重复"选项，如图 4-3 所示，然后单击 确定 按钮关闭对话框。

在【外观】分类的【重复】下拉列表框中有 4 个选项："不重复"、"重复"、"横向重复"和"纵向重复"，可以通过选择它们来定义背景图像的重复方式。其中"重复"选项表示在横向和纵向上同时重复，在【重复】下拉列表中选择"重复"选项和不选择任何选项，其效果是一样的。也就是说，当没有选择任何选项时，默认表示图像"重复"。

5. 将正文中的文本"图像占位符"删除，然后在菜单栏中选择【插入】→【图像对像】→【图像占位符】命令，或在【插入】→【常用】面板的【图像】下拉菜单中单击 按钮，打开【图像占位符】对话框，参数设置如图 4-4 所示。

图4-3 设置网页背景图像 　　　　　　　　　图4-4 【图像占位符】对话框

在【名称】文本框中不能输入中文，可以是字母和数字的组合，但不能以数字开头。

6. 单击 确定 按钮插入图像占位符，然后在【属性】面板的中单击 按钮使其居中显示，如图 4-5 所示。

图4-5 插入图像占位符

如果对插入的图像占位符不满意，可以通过【属性】面板对其进行修改，如图像的宽度、高度、颜色、替换文本等。

【知识链接】

图像占位符只是作为临时代替图像的符号，是在设计阶段使用的占位工具。在有了合适的图像后，可以通过图像占位符【属性】面板的【源文件】文本框，设置实际需要的图像文件，设置完毕后图像占位符将自动变成图像。

（二） 插入和设置图像

下面开始在网页中插入图像并设置图像属性。

【操作步骤】

1. 将正文中的文本"图像"删除，接着在菜单栏中选择【插入】→【图像】命令，打开【选择图像源文件】对话框，选中图像文件"images/01.jpg"，如图 4-6 所示，然后单击 确定 按钮，如果出现【图像标签辅助功能属性】对话框，单击 取消 按钮将图像插入到文档中。

图4-6 插入图像

在网页中，插入图像的方法通常有 3 种：

- 在菜单栏中选择【插入】→【图像】命令。
- 在【插入】→【常用】面板的【图像】下拉菜单中单击 按钮。
- 在【文件】→【文件】面板中用鼠标选中文件，然后拖到文档中适当位置。

在插入图像时，如果不希望弹出【图像标签辅助功能属性】对话框，可以在【首选参数】→【辅助功能】分类中取消选中【图像】复选框。同理，在插入媒体、框架和表单对象时，不希望弹出【图像标签辅助功能属性】对话框，也要取消选中【媒体】、【框架】、【表单对象】复选框。

说明

2. 确认图像处于被选中状态，然后在图像【属性】面板的【替换】文本框中输入图像替换文本"校园风景"，以便图像不能正常显示时可以显示替换文本。

3. 在【水平边距】文本框中输入"16"，在【边框】文本框中输入"0"，在【对齐】下拉列表框中选择"左对齐"选项，【属性】面板如图 4-7 所示。

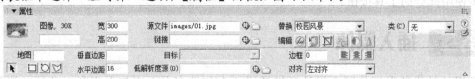

图4-7 设置图像属性

【知识链接】

在网页中使用的图像需要设置适合的幅面大小，设置图像幅面大小的方法通常有两种，一种是在 Photoshop 等图像处理软件中设置图像幅面大小并保存成适合网页使用的格式，另一种是在 Dreamweaver 图像【属性】面板中通过改变图像的宽度和高度来设置图像幅面大小。在

【属性】面板中设置宽度和高度只是改变了图像的显示尺寸，单击其后面的 ↻ 图标将恢复图像的原始大小。在实际应用中，建议使用图像处理软件将图像处理成适合的大小，然后在网页中再加以应用。特别是在数码摄像盛行的今天，直接拍摄出来的照片无论是在幅面上还是在容量上都是不适合在网页中直接应用的，一定要使用图像处理软件将其处理成适合的大小并保存成适当的格式才能在网页中加以使用。

在图像【属性】面板的【源文件】文本框中显示的是图像的地址，可以通过单击【源文件】文本框后面的 ▭ 按钮打开【选择图像源文件】对话框，或将文本框后面的 ⊕ 图标拖曳到【文件】面板中，在需要的图像文件上松开鼠标来重新定义源文件。

在【替换】文本框中可以设置图像的替换文本，其作用是：当网页中的图像不能立即显示时，替换文本就可以优先显示出来，让用户知道该处的大致内容以决定是否等待。

图像的边距包括垂直边距和水平边距，通过【垂直边距】文本框可以设置图像在垂直方向与文本或其他页面元素的间距，通过【水平边距】文本框可以设置图像在水平方向与文本或其他页面元素的间距。

在【边框】文本框中可以设置图像边框的宽度，在更多的情况下不设置图像边框宽度，或者将图像边框的宽度设置为 "0"。

在网页中，经常出现文本和图像混排的现象。在学习表格等网页布局技术之前，如何做到这一点呢？这就需要用到【属性】面板的【对齐】选项了，【对齐】选项调整的是图像周围的文本或其他对象与图像的位置关系。在【对齐】下拉列表中共有 10 个选项，其中经常用到是 "左对齐" 和 "右对齐" 两个选项。另外，使用【对齐】下拉列表中的选项和使用【属性】面板上的 ☰ ☰ ☰ 3 个对齐按钮是不一样的。前者直接作用于图像标记 <IMG>，后者直接作用于段落标记 <P> 或布局标记 <DIV>。在实际效果上也是不一样的，读者可以亲自尝试去体会其结果的异同。

在图像【属性】面板中还有【低解析度源】选项。它一般指向黑白的或者压缩率非常大的图像，也就是高质量、大尺寸图像的副本。当浏览器下载网页时，先将低解析度源的图片下载，由于其尺寸非常小，因此能被浏览较快地下载，使用户快速地看到图像的概貌。此时浏览器继续下载高质量的图片，而用户可以选择继续等待还是跳转到其他网页。

另外，在图像【属性】面板中，单击【编辑】后面的 ✎ 按钮可打开事先定义好的图像处理软件来编辑图像，单击 ⬚ 按钮可对图像进行优化，单击 ◰ 按钮可对图像进行裁剪，单击 ⬚ 按钮可对图像进行重新取样，单击 ◑ 按钮可调整图像的亮度和对比度，单击 △ 按钮可对图像进行锐化。不过，图像通常是在图像处理软件中提前处理好再使用，所以在网页制作中很少使用此处的工具按钮。

任务二 插入媒体

多媒体技术的发展使网页设计者能够轻松自如地在页面中加入声音、动画、影片等内容，使制作的网页充满了乐趣，更给访问者增添了几分欣喜。在 Dreamweaver 8 中，媒体的内容包括 Flash 动画、图像查看器、Flash 文本、Flash 按钮、FlashPaper、Flash 视频、Shockwave 影片、Applet、ActiveX 以及插件等。但随着 Dreamweaver 版本的升级，图像查看器、Flash 文本、Flash 按钮、FlashPaper 在 Dreamweaver 中最终消失。

本任务主要介绍向网页中插入 Flash 动画、图像查看器和 ActiveX 视频的方法。

（一） 插入 Flash 动画

Flash 动画通常是在 Flash 软件中事先制作好的，下面向网页中插入 Flash 动画。

【操作步骤】

1. 将正文中的文本"Flash 动画"删除，然后在菜单栏中选择【插入】→【媒体】→【Flash】命令，打开【选择文件】对话框，在对话框中选择要插入的 Flash 动画文件"images/flash.swf"，如图 4-8 所示。

图4-8　插入 Flash 动画

插入 Flash 动画的方法通常有 3 种：

- 在菜单栏中选择【插入】→【媒体】→【Flash】命令。
- 在【插入】→【常用】→【媒体】面板中单击 图标。
- 在【文件】面板中用鼠标选中文件，然后拖曳到文档中。

说明

2. 单击 确定 按钮将 Flash 动画插入到文档中，根据文件的尺寸大小，页面中会出现一个 Flash 占位符。

3. 在【属性】面板的【水平边距】文本框中分别输入"6"，在【对齐】下拉列表框中选择"右对齐"，并保证已选中【循环】和【自动播放】两个复选框，如图 4-9 所示。

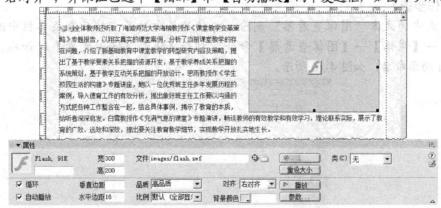

图4-9　Flash 动画【属性】面板

4. 在【属性】面板中单击 ▷ 播放 按钮，可以在页面中预览 Flash 动画效果，此时 ▷ 播放 按钮变为 ■ 停止 按钮。

【知识链接】

下面对 Flash 动画【属性】面板中的相关选项简要说明如下。

- 【Flash】：为所插入的 Flash 文件命名，主要用于脚本程序的引用。
- 【宽】和【高】：用于定义 Flash 动画的显示尺寸。
- 【文件】：用于指定 Flash 动画文件的路径。
- 【源文件】：用于定义指向 Flash 源文件 ".fla" 的路径。若要编辑 Flash 文件，需要定义【源文件】选项。
- 【循环】：勾选该选项，Flash 动画将在浏览器中循环播放。
- 【自动播放】：勾选该选项，文档在被浏览器载入时，Flash 动画将自动播放。
- 【垂直边距】和【水平边距】：用于定义 Flash 动画边框与其周围内容之间的距离，以 "像素" 为单位。
- 【品质】：用来设置 Flash 动画在浏览器中的播放质量。
- 【比例】：用来设置显示比例。
- 【对齐】：设置 Flash 动画与周围内容的对齐方式。
- 【背景颜色】：用于设置当前 Flash 动画的背景颜色。
- 编辑... ：用于打开 Flash 软件对源文件进行处理，当然要确保在【源文件】选项中定义了源文件。
- 重设大小 ：用于恢复 Flash 动画的原始尺寸。
- ▷ 播放 ：用于在设计视图中播放 Flash 动画。
- 参数... ：用于设置使 Flash 能够顺利运行的附加参数。

如果文档中包含两个以上的 Flash 动画，按下 Ctrl + Alt + Shift + P 组合键，所有的 Flash 动画都将进行播放。

（二）　插入图像查看器

图像查看器就像是在网页中放置一个看图软件，使图像一幅幅地展示出来，图像查看器是一种特殊形式的 Flash 动画。下面向网页中插入图像查看器。

【操作步骤】

1. 将正文中的文本 "图像查看器" 删除，并使其居中对齐，然后在菜单栏中选择【插入】→【媒体】→【图像查看器】命令，打开【保存 Flash 元素】对话框，为新的 Flash 动画命名，如图 4-10 所示。

图4-10　【保存 Flash 元素】对话框

2. 单击 保存(S) 按钮在文档中插入一个 Flash 占位符，在【属性】面板中定义其宽度和高度分别为"300"和"200"，如图4-11所示。

图4-11 图像查看器【属性】面板

3. 在文档中用鼠标右键单击 Flash 占位符，在弹出的菜单中选择【编辑标签<object>】命令，打开【标签编辑器-object】对话框，切换至【替代内容】分类，然后在文本框内找到默认的图像文件路径名，如图4-12所示。

图4-12 【标签编辑器-object】→【替代内容】分类对话框

在默认情况下，图像查看器只显示"img1.jpg"、"img2.jpg"、"img3.jpg" 3 幅图像，而且它们必须存放在与图像查看器同一个文件夹里面。可以修改图像路径，使其显示更多的图像。

4. 修改图像文件路径，使其可以显示预先准备好的图像，如图4-13所示。

图4-13 修改图像文件路径

由于图像文件在源代码中出现了两次，因此在修改图像文件路径时，要修改代码中所有的图像文件路径，这主要是针对不同型号的浏览器而采取不同的标签。

5. 单击 确定 按钮，然后在【属性】面板中单击 播放 按钮，预览效果如图 4-14 所示。

43

图4-14 插入图像查看器

在图像查看器中有播放按钮和导航条，这对于包含大量图像的网页来说，提供了一种非常有效的处理方式，使网页既节省了空间又丰富了功能。

（三）插入 ActiveX 视频

ActiveX 控件是 Microsoft 公司对浏览器功能的扩展，其主要作用是在不发布浏览器新版本的情况下扩展浏览器的功能。如果浏览器载入了一个网页，而这个网页中有浏览器不支持的 ActiveX 软件，浏览器会自动安装所需软件。WMV 和 RM 是两种网络常见的视频格式。其中，WMV 影片是 Windows 的视频格式，使用的播放器是 Microsoft Media Player。下面介绍向网页中插入 ActiveX 来播放 WMV 视频格式的文件的方法。

【操作步骤】

1. 将图像查看器右侧的文本"视频"删除，然后在菜单栏中选择【插入】→【媒体】→【ActiveX】命令，系统自动在文档中插入一个 ActiveX 占位符。

2. 在【属性】面板的【ClassID】列表文本框中添加"CLSID:22D6f312-b0f6-11d0-94ab-0080c74c7e95"，然后按 Enter 键。

> 由于在 ActiveX【属性】面板的【ClassID】选项的下拉列表中没有关于 Media Player 的设置，因此需要通过手动来添加【ClassID】。

3. 选择【嵌入】选项，然后在【属性】面板中单击 参数... 按钮，打开【参数】对话框，根据"项目素材\WMV.txt"中的提示，添加参数，如图 4-15 所示。

图4-15 添加参数

4. 参数添加完毕后，单击 确定 按钮关闭【参数】对话框，然后在【属性】面板中设置【宽】和【高】选项，如图 4-16 所示。

图4-16 设置属性参数

5. 保存文件，按 F12 键，预览效果，如图 4-17 所示。

图4-17 WMV 视频播放效果

【知识链接】

在针对 WMV 视频的 ActiveX【属性】面板中，有许多参数没有设置，因此无法正常播放 WMV 格式的视频。这时需要做两项工作：一是需要添加"ClassID"参数，二是需要添加控制播放参数。对于控制播放参数，可以根据需要有选择地添加，如下所示。

```html
<!-- 播放完自动回至开始位置 -->
<param name="AutoRewind" value="true">
<!-- 设置视频文件 -->
<param name="FileName" value="images/shouxihu.wmv">
<!-- 显示控制条 -->
<param name="ShowControls" value="true">
<!-- 显示前进/后退控制 -->
<param name="ShowPositionControls" value="true">
<!-- 显示音频调节 -->
<param name="ShowAudioControls" value="false">
<!-- 显示播放条 -->
<param name="ShowTracker" value="true">
<!-- 显示播放列表 -->
<param name="ShowDisplay" value="false">
<!-- 显示状态栏 -->
<param name="ShowStatusBar" value="false">
<!-- 显示字幕 -->
<param name="ShowCaptioning" value="false">
<!-- 自动播放 -->
<param name="AutoStart" value="true">
<!-- 视频音量 -->
<param name="Volume" value="0">
<!-- 允许改变显示尺寸 -->
<param name="AllowChangeDisplaySize" value="true">
<!-- 允许显示右击菜单 -->
<param name="EnableContextMenu" value="true">
```

```
<!-- 禁止双击鼠标切换至全屏方式 -->
<param name="WindowlessVideo" value="false">
```

每个参数都有两种状态："true" 或 "false"。它们决定当前功能为"真"或为"假"，也可以使用"1"、"0"来代替"true"、"false"。

```
<param name="FileName" value="images/shipin.wmv">
```

上句代码中"value"后面用来设置影片的路径，如果影片在其他的远程服务器，可以使用其绝对路径，如下所示。

```
value="mms://www.188.net/images/shipin.wmv"
```

mms 协议用以取代 http 协议，专门用来播放流媒体，当然也可以设置如下。

value="http://www.188.net/images/shipin.wmv"

除了 WMV 视频，此种设置方式还可以播放 MPG、ASF 格式的视频，但不能播放 RM、RMVB 格式的视频。播放 RM 格式的视频不能使用 Microsoft Media Player 播放器，必须使用 RealPlayer 播放器。设置方法是：在【属性】面板的【ClassID】选项中选择【RealPlayer/clsid:CFCDAA03-8BE4-11cf-B84B-0020AFBBCCFA】选项，选择【嵌入】选项，然后在【属性】面板中单击 参数... 按钮，打开【参数】对话框，根据"项目素材\RM.txt"中的提示添加参数，最后设置【宽】和【高】为固定尺寸。

其中，参数代码简要说明如下。

```
<!-- 设置自动播放 -->
<param name="AUTOSTART" value="true">
<!-- 设置视频文件 -->
<param name="SRC" value="shouxihu.rm">
<!-- 设置视频窗口,控制条,状态条的显示状态 -->
<param name="CONTROLS" value="Imagewindow,ControlPanel,StatusBar">
<!-- 设置循环播放 -->
<param name="LOOP" value="true">
<!-- 设置循环次数 -->
<param name="NUMLOOP" value="2">
<!-- 设置居中 -->
<param name="CENTER" value="true">
<!-- 设置保持原始尺寸 -->
<param name="MAINTAINASPECT" value="false">
<!-- 设置背景颜色 -->
<param name="BACKGROUNDCOLOR" value="#000000">
```

作为 RM 格式的视频，如果使用绝对路径，格式稍有不同，下面是几种可用的形式。

```
<param name="FileName" value="rtsp://www.188.net/shipin.rm">
<param name="FileName" value="http://www.188.net/shipin.rm">
src="rtsp://www.188.net/shouxihu.rm"
src="http://www.188.net/shouxihu.rm"
```

在播放 WMV 格式的视频时，可以不设置具体的尺寸，但是对于 RM 格式的视频却不行，必须要设置一个具体的尺寸。当然这个尺寸可能不是影片的原始比例尺寸，可以通过将参数"MAINTAINASPECT"设置为"true"来恢复影片的原始比例尺寸。

项目实训 插入图像和媒体

本项目主要介绍了在网页中插入图像和媒体的基本方法，通过本实训将让读者进一步巩固所学的基本知识。

要求： 将素材文件复制到站点根文件夹下，然后在网页文档中插入图像和图像查看器，如图 4-18 所示。

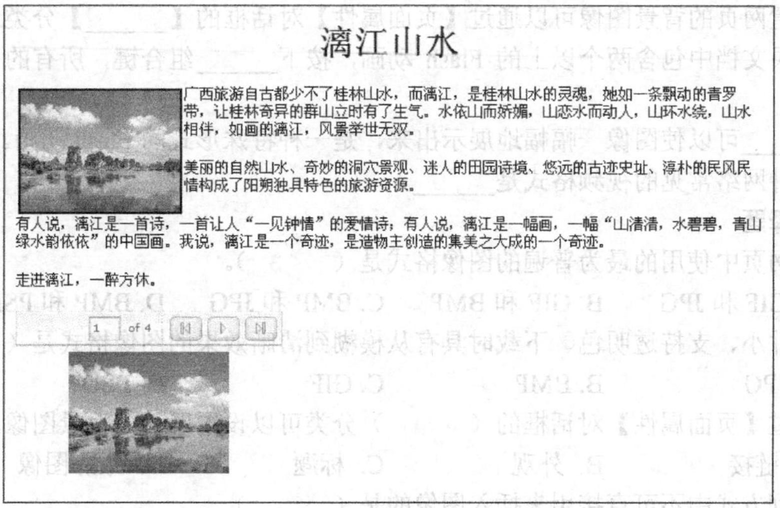

漓江山水

广西旅游自古都少不了桂林山水，而漓江，是桂林山水的灵魂，她如一条飘动的青罗带，让桂林奇异的群山立时有了生气。水依山而娇媚，山恋水而动人，山环水绕，山水相伴，如画的漓江，风景举世无双。

美丽的自然山水、奇妙的洞穴景观、迷人的田园诗境、悠远的古迹史址、淳朴的民风民情构成了阳朔独具特色的旅游资源。

有人说，漓江是一首诗，一首让人"一见钟情"的爱情诗；有人说，漓江是一幅画，一幅"山清清，水碧碧，青山绿水韵依依"的中国画。我说，漓江是一个奇迹，是造物主创造的集美之大成的一个奇迹。

走进漓江，一醉方休。

图4-18 插入图像和媒体

【操作步骤】
1. 在正文第 1 段的起始处插入图像"images/lijiang01.jpg"。
2. 设置替换文本为"漓江山水"，边距和边框均为"2"，对齐方式为"左对齐"。
3. 在正文最后插入一个图像查看器，保存的 Flash 文件为"lijiang.swf"。
4. 打开【标签编辑器－object】对话框，切换至【替代内容】分类，然后在文本框内找到默认的图像文件路径名，删除原有图像文件，并依次添加图像"images/lijiang01.jpg"、"images/lijiang02.jpg"、"images/lijiang03.jpg"和"images/lijiang04.jpg"。
5. 设置图像查看器的宽度和高度分别为"250"和"200"。

  # 项目小结

本项目主要介绍了图像和媒体在网页中的应用和设置方法，概括起来主要有以下几点。
- 通过【页面属性】对话框设置网页背景图像的方法。
- 在网页中插入图像占位符和图像的方法。
- 通过【属性】面板设置图像属性和实现图文混排的方法。

● 插入常用媒体的方法，如 Flash 动画、图像查看器和 ActiveX 视频。

通过对这些内容的学习，希望读者能够掌握图像和媒体在网页中的具体应用及其属性设置的基本方法。

思考与练习

一、填空题

1. 背景图像的重复方式有"不重复"、"重复"、"横向重复"及"_____"4 种。

2. _____只是作为临时代替图像的符号，在设计阶段使用的占位工具之一。

3. 设置网页的背景图像可以通过【页面属性】对话框的【_____】分类进行。

4. 如果文档中包含两个以上的 Flash 动画，按下_____组合键，所有的 Flash 动画都将进行播放。

5. _____可以使图像一幅幅地展示出来，是一种特殊形式的 Flash 动画。

6. 两种网络常见的视频格式是_____。

二、选择题

1. 在网页中使用的最为普遍的图像格式是（　　　　）。

　　A. GIF 和 JPG　　　B. GIF 和 BMP　　　C. BMP 和 JPG　　　D. BMP 和 PSD

2. 文件小、支持透明色、下载时具有从模糊到清晰效果的图像格式是（　　　　）。

　　A. JPG　　　　　　B. BMP　　　　　　C. GIF　　　　　　D. PSD

3. 通过【页面属性】对话框的（　　　　）分类可以设置网页的背景图像。

　　A. 链接　　　　　B. 外观　　　　　C. 标题　　　　　D. 跟踪图像

4. 下列方式中不可直接用来插入图像的是（　　　　）。

　　A. 在菜单栏中选择【插入】→【图像】命令

　　B. 在【插入】→【常用】面板的【图像】下拉菜单中单击 ▣ 按钮

　　C. 在【文件】→【文件】面板中用鼠标选中文件，然后拖到文档中

　　D. 在菜单栏中选择【插入】→【图像对象】→【图像占位符】命令

5. 下列选项中属于文档相对路径的是（　　　　）。

　　A. images/logo.jpg　　　　　　　　　B. /images/logo.jpg

　　C. /logo.jpg　　　　　　　　　　　　D. /images/images/logo.jpg

6. 通过图像【属性】面板不能完成的任务是（　　　　）。

　　A. 图像的大小　　　　　　　　　　　B. 图像的边距

　　C. 图像的边框　　　　　　　　　　　D. 图像的第 2 幅替换图像

7. 下列方式中不能插入 Flash 动画的是（　　　　）。

　　A. 在菜单栏中选择【插入】→【媒体】→【Flash】命令

　　B. 在【插入】→【常用】→【媒体】面板中单击 ◉ 图标

　　C. 在【文件】→【文件】面板中用鼠标选中文件，然后拖到文档中

　　D. 在【插入】→【常用】→【图像】下拉按钮组中单击 ▣ 按钮

三、简答题

1. 就本项目所学知识，简要说明实现图文混排的方法。

2. 如果要在网页中播放 WMV 格式的视频，必须通过【属性】面板做好哪两项工作？

四、操作题

将"课后习题/素材"文件夹下的内容复制到站点根文件夹下，然后根据操作提示在网页中插入图像和 Flash 动画，如图 4-19 所示。

【操作提示】

（1）在正文第 1 段的起始处插入图像"images/jiuzhaigou.jpg"。

（2）设置图像宽度和高度分别为"150"和"80"，替换文本为"九寨沟"，边距和边框均为"2"，对齐方式为"左对齐"。

（3）在正文最后插入 Flash 动画"fengjing.swf"。

（4）设置 Flash 动画的宽度和高度分别为"300"和"200"，在网页加载时自动循环播放。

图4-19 插入图像和 Flash 动画

项目五

超级链接——设置 188 导航网页

一个网站中有很多网页，这些网页之间又是互相关联的，网页之间的关联一般是通过超级链接进行的。本项目以图 5-1 所示的导航网页为例，介绍有关超级链接的基本知识。在本项目中，将依次介绍文本、图像、电子邮件、锚记超级链接等内容。

图5-1　188 导航网页

学习目标

明白超级链接的种类。

学会设置文本和图像超级链接的方法。

学会设置图像热点超级链接的方法。

学会设置电子邮件超级链接的方法。

学会设置锚记超级链接和空链接的方法。

学会设置鼠标经过图像和导航条的方法。

【设计思路】

本项目设计的是一个体育站点导航的网页，在页面布局上符合导航网页的基本特点。在网页左上方设置的是分类导航目录，左下方设置的是图片导航，右方是按照导航分类目录设置的导航的具体内容。页面布局合理，内容分类恰当，颜色选配适宜，是导航网页中不错的方案选择。

任务一 设置文本超级链接

用文本作链接载体，这就是通常意义上的文本超级链接，它是最常见的超级链接类型。

（一） 设置文本超级链接

下面设置网页中的文本超级链接。

【操作步骤】

1. 首先定义一个本地静态站点，然后将素材文件复制到站点根文件夹下。
2. 在【文件】面板的列表框中双击打开网页文件"index.htm"。
3. 将鼠标光标置于网页最底端的"【】"内，然后在菜单栏中选择【插入】→【超级链接】命令，或在【插入】→【常用】面板中单击 按钮，打开【超级链接】对话框。
4. 在【超级链接】对话框的【文本】文本框中输入网页文档中带链接的文本"寻求帮助"。
5. 单击【链接】下拉列表右边的 按钮，打开【选择文件】对话框，通过【查找范围】下拉列表选择要链接的网页文件"help.htm"，在【相对于】下拉列表中选择【文档】选项，如图 5-2 所示。

图5-2 【选择文件】对话框

【相对于】下拉列表中有【文档】和【站点根目录】两个选项。

选择【文档】选项，将使用文档相对路径来链接，省略与当前文档 URL 相同的部分。文档相对路径的链接标志是以 "../" 开头或者直接是文档名称、文件夹名称，参照物为当前使用的文档。如果在还没有命名保存的新文档中使用文档相对路径，那么 Dreamweaver 将临时使用一个以 "file://" 开头的绝对路径。通常，当网页不包含应用程序的静态网页，且文档中不包含多重参照路径时，建议选择文档相对路径。因为这些网页可能在光盘或者不同的计算机中直接被浏览，文档之间需要保持紧密的联系，只有文档相对路径能做到这一点。

选择【站点根目录】选项，那么此时将使用站点根目录相对路径来链接，即从站点根文件夹到文档所经过的路径。站点根目录相对路径的链接标志是首字符为 "/"，它以站点的根目录为参照物，与当前的文档无关。通常当网页包含应用程序，文档中包含复杂链接及使用多重的路径参照时，需要使用站点根目录相对路径。

说明

6. 单击 确定 按钮返回【超级链接】对话框，在【目标】下拉列表中选择"_blank"选项，在【标题】文本框中输入当鼠标经过链接时的提示信息，如"寻求帮助"。

7. 可以通过【访问键】选项设置链接的快捷键，也就是按下 Alt + 26 个字母键中的任意 1 个，将焦点切换至文本链接，还可以通过【Tab 键索引】选项设置 Tab 键切换顺序，这里均不进行设置，如图 5-3 所示。

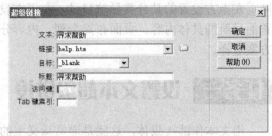

图5-3 【超级链接】对话框

8. 单击 确定 按钮，插入"寻求帮助"超级链接。

> 如果链接目标是网站内的某个文件，也可以将【链接】文本框右侧的 图标拖曳到【文件】面板中的该文件上，即可建立到该文件的链接。

9. 选择【体育名站】栏目下的文本"新浪体育"，在【属性】面板的【链接】文本框中输入"http://sports.sina.com.cn/"，在【目标】下拉列表中选择"_blank"选项，如图 5-4 所示。

图5-4 通过【属性】面板设置超级链接

> 【目标】下拉列表中共有 4 个选项："_blank"表示打开一个新的浏览器窗口；"_parent"表示回到上一级的浏览器窗口；"_self"表示在当前的浏览器窗口；"_top"表示回到最顶端的浏览器窗口。

10. 选择文本"搜狐体育"，在【属性】面板的【链接】文本框中输入"#"，如图 5-5 所示。

图5-5 设置空链接

> 空链接是一个未指派目标的链接，在【属性】面板的【链接】文本框中输入"#"即可。通常，建立空链接的目的是激活页面上的对象或文本，使其可以应用行为。在后面关于行为的项目中，读者将会体会到这一点。

11. 使用相同的方法暂时将本栏目的其他文本的超级链接均设置为空链接，下面其他栏目的文本超级链接设置方法相同，这里不再设置。

【知识链接】

超级链接"寻求帮助"的链接目标文件是站点内部的文件"help.htm"，这种类型的超级链接称为内部链接，即同一网站文档之间的链接。超级链接"新浪体育"的链接目标位于站点外部，这种类型的超级链接称为外部链接。超级链接根据路径可分为两类：一类是绝对路径，如"http://sports.sina.com.cn/bbs/index.aspx"；另一类是相对路径，其又分文档相对路径和站点根目录相对路径，前者如"tiyu/index.htm"，后者如"/zuqiu/index.htm"。

超级链接"寻求帮助"的链接目标是"help.htm"，这是一个典型的网页文件。在实际应用中，链接目标也可以是其他类型的文件，如压缩文件、Word 文件等。如果要在网站中提供资料下载，就经常使用这种下载超级链接形式。下载超级链接并不是一种特殊的链接，但下载超级链接所指向的文件是特殊的。

（二） 设置文本超级链接状态

下面通过【页面属性】对话框设置文本超级链接的状态。

【操作步骤】

1. 在菜单栏中选择【修改】→【页面属性】命令，或在【属性】面板中单击 页面属性... 按钮，打开【页面属性】对话框，切换至【链接】分类。
2. 单击【链接颜色】选项右侧的 图标，打开调色板，然后选择一种适合的颜色，也可直接在右侧的文本框中输入颜色代码，如"#0099CC"。
3. 用相同的方法为【已访问链接】、【变换图像链接】和【活动链接】选项设置不同的颜色。
4. 在【下划线样式】下拉列表中选择其中一项，如选择【仅在变换图像时显示下划线】选项，如图 5-6 所示，设置完成后单击 确定 按钮关闭对话框。

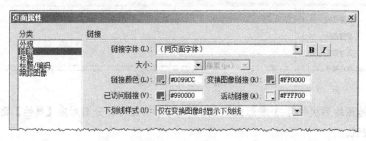

图5-6 设置文本超级链接状态

【知识链接】

通过【页面属性】对话框的【链接】分类对文本超级链接状态进行设置，可以使文本超级链接增加动感。但通过这种方式设置的文本超级链接状态，将对当前文档中的所有文本超级链接起作用。如果要对同一文档中不同部分的文本超级链接设置不同的状态，应该使用CSS 样式进行单独定义，这将在后面的项目中进行介绍。

任务二 设置图像超级链接

用图像作为链接载体，这就是通常意义上的图像超级链接，它能够使网页更美观、更生动。图像超级链接又分为两种情况，一种是一幅图像指向一个目标的链接，另一种是使用图像地图（也称"热点"）技术在一幅图像中划分出几个不同的区域，分别指向不同目标的链接，当然也可以是一幅图像中的单个区域。在实际应用中，习惯将一幅图像指向一个目标的链接称为"图像超级链接"，而将通过使用图像热点技术形成的超级链接称为"图像热点超级链接"。下面设置网页中的图像超级链接和图像热点超级链接。

【操作步骤】

1. 选择左侧"分类目录"栏目下的第 1 幅图像"images/n_logo.jpg"，然后在【属性】面板的【链接】文本框中输入图像的链接地址"http://www.ezlife.com.cn/"，在【目标】下拉列表中选择"_blank"选项，如图 5-7 所示。

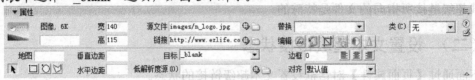

图5-7　设置图像超级链接

2. 用相同的方法将第 2 幅图像的超级链接设置为"http://www.lvye.org/"，目标窗口打开方式设置为"_blank"。

3. 选择网页顶端的图像"images/logo.jpg"，然后在【属性】面板中单击【地图】下面的 □（矩形热点工具）按钮，并将鼠标指针移到图像上，按住鼠标左键绘制一个矩形区域，如图 5-8 所示。

图5-8　绘制矩形区域

图像地图的形状共有 3 种形式：矩形、圆形和多边形，分别对应【属性】面板的 □、○ 和 ☑ 3 个按钮。

4. 在【属性】面板中设置各项参数，如图 5-9 所示。

图5-9　设置图像地图的属性参数

【知识链接】

要编辑图像地图，可以选择【属性】面板中的 （指针热点工具）按钮。该工具可以对已经创建好的图像地图进行移动、调整大小或层之间的向上、向下、向左、向右移动等操作。还可以将含有地图的图像从一个文档复制到其他文档或者复制图像中的一个或几个地图，然后将其粘贴到其他图像上，这样就将与该图像关联的地图也复制到了新文档中。

使用【插入】→【图像对象】→【鼠标经过图像】命令或【导航条】命令也可以创建超级链接，它们是基于图像的比较特殊的链接形式，属于图像对象的范畴。

"鼠标经过图像"是指在网页中，当鼠标经过或者按下按钮时，按钮的形状、颜色等属性会随之发生变化，如发光、变形或者出现阴影，使网页变得生动有趣，如图 5-10 所示是【插入鼠标经过图像】对话框。

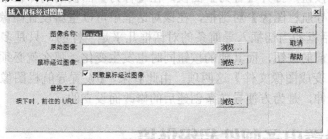

图5-10　【插入鼠标经过图像】对话框

鼠标经过图像有以下两种状态。

- 原始状态：在网页中的正常显示状态。
- 变换图像状态：当鼠标经过或者按下按钮时显示变化图像。

导航条是由一组按钮或者图像组成的，这些按钮或者图像链接各分支页面，起到导航的作用。图 5-11 所示为【插入导航条】对话框。

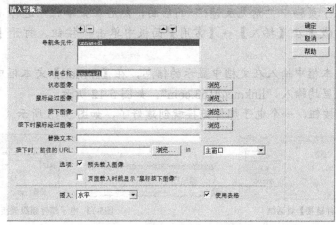

图5-11　【插入导航条】对话框

导航条通常包括以下 4 种状态。

- 【状态图像】：用户还未单击按钮或按钮未交互时显现的状态。
- 【鼠标经过图像】：当鼠标指针移动到按钮上时，元素发生变换而显现的状态。例如，按钮可能变亮、变色、变形，从而让用户知道可以与之交互。
- 【按下图像】：单击按钮后显现的状态。例如，当用户单击按钮时，新页面被载入且导航条仍是显示的；但被单击过的按钮会变暗或者凹陷，表明此按钮已被按下。
- 【按下时鼠标经过图像】：单击按钮后，鼠标指针移动到被按下元素上时显现的图像。例如，按钮可能变暗或变灰，可以用这个状态暗示用户：在站点的这个部分该按钮已不能被再次单击。

制作导航条时不一定要包括所有 4 种状态的导航条图像。即使只有一般【状态图像】和【鼠标经过图像】，也可以创建一个导航条，不过最好还是将 4 种状态的图像都包括，这样会使导航条看起来更生动一些。

如果要对导航条进行修改，可以通过【设置导航栏图像】行为进行修改。方法是在导航条中选中其中一个按钮，打开【行为】面板，在【行为】面板的动作栏中，双击事件下方的名称，打开【设置导航栏图像】对话框，在该对话框中可以重新设置图像的源文件及所指向的 URL。这个对话框和当初插入导航条的对话框几乎是一样的，只是多一个【高级】选项卡。如果焦点在当前的按钮，而其他的按钮同时也发生变化，那么就必须设置【变成图像文件】和【按下时，变成图像文件】这两项。由此看来，【设置导航栏图像】动作是导航条功能的一个补充和延伸，是为方便导航条创建后的修改而设立的。

任务三 设置电子邮件超级链接

创建电子邮件超级链接与一般的文本链接不同，因为电子邮件链接是将浏览者的本地电子邮件管理软件（如 Outlook Express、Foxmail 等）打开，而不是向服务器发出请求，因此它的添加步骤也与普通链接有所不同。下面设置网页中的电子邮件超级链接。

【操作步骤】

1. 将鼠标光标置于页脚中"意见反馈:"的后面，然后在菜单栏中选择【插入】→【电子邮件】命令，或者在【插入】→【常用】面板中单击 图 按钮，打开【电子邮件链接】对话框。

2. 在【文本】文本框中输入在文档中显示的信息，在【E-Mail】文本框中输入电子邮箱的完整地址，这里均输入"linkme@163.com"，如图 5-12 所示。

3. 单击 确定 按钮，一个电子邮件链接就创建好了，如图 5-13 所示。

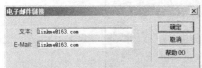
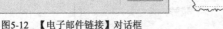

图5-12 【电子邮件链接】对话框   图5-13 电子邮件超级链接

 "mailto:"、"@"和"."这 3 个元素在电子邮件链接中是必不可少的。有了它们，才能构成一个正确的电子邮件链接。

任务四 设置锚记超级链接

通常的超级链接只能从一个网页文档跳转到另一个网页文档，使用锚记超级链接不仅可以跳转到当前网页中的指定位置，还可以跳转到其他网页中指定的位置。设置锚记超级链接，首先需要创建命名锚记，然后再链接命名锚记。下面开始设置网页中的锚记超级链接。

【操作步骤】

1. 将鼠标光标置于栏目"体育名站"的后面，然后在菜单栏中选择【插入】→【命名锚记】命令，或者在【插入】→【常用】面板中单击 图 （命名锚记）按钮，打开【命名锚记】对话框，在【锚记名称】文本框中输入"a"，如图 5-14 所示。

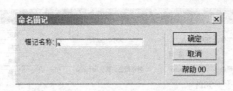

图5-14　【命名锚记】对话框

2. 单击 确定 按钮，在文档光标位置便插入了一个锚记，如图 5-15 所示。

图5-15　命名锚记

3. 按照相同的步骤分别为"足球名站"、"篮球名站"、"体育赛事"、"其他项目"、"体育品牌"添加命名锚记"b"、"c"、"d"、"e"、"f"。

4. 在"分类目录"下面选中文本"体育名站"，然后在【属性】面板的【链接】下拉列表中输入锚记名称"#a"，或者直接将【链接】下拉列表后面的❀图标拖曳到锚记名称"#a"上，如图 5-16 所示。

说明　　如果链接的目标命名标记位于当前网页中，需要在【属性】面板的【链接】文本框中输入一个"#"符号，然后输入链接的锚记名称，如"#a"。如果链接的目标锚记在其他网页中，则需要先输入该网页的 URL 地址和名称，然后再输入"#"符号和锚记名称，如"index.htm#a"。

5. 在"分类目录"下面选中文本"足球名站"，然后在菜单栏中选择【插入】→【超级链接】命令，打开【超级链接】对话框，这时选择的文本"足球名站"自动出现在【文本】文本框中，在【链接】下拉列表中选择锚记名称"#b"，然后单击 确定 按钮，如图 5-17 所示。

图5-16　设置锚记超级链接

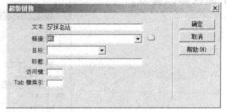

图5-17　【超级链接】对话框

6. 用相同的方法分别设置"篮球名站"、"体育赛事"、"其他项目"、"体育品牌"的锚记超级链接。

7. 在文本"分类目标"后面添加命名锚记"top"，然后依次选择右侧各个栏目后面的文本"返回目录>>"，并在【属性】面板的【链接】下拉列表中输入锚记名称"#top"。

8. 在菜单栏中选择【文件】→【保存】命令保存文件。

【知识链接】

在 Dreamweaver 8 中还可以创建具有 Flash 效果的"Flash 文本"和"Flash 按钮"超级链接：在菜单栏中选择【插入】→【媒体】→【Flash 文本】命令，打开【插入 Flash 文本】对话框，如图 5-18 所示。

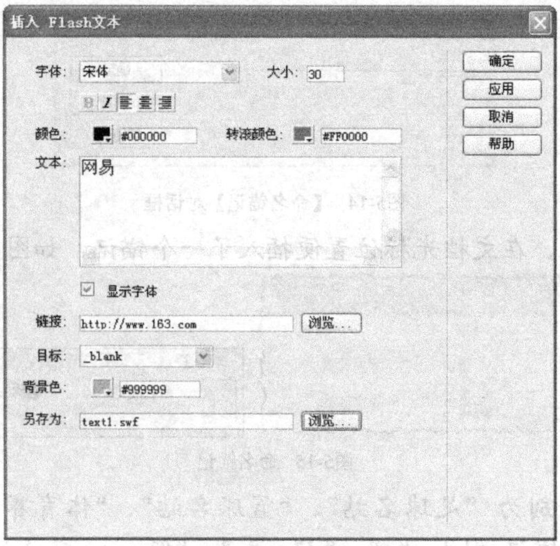

图5-18　【插入 Flash 文本】对话框

在【插入 Flash 文本】对话框中，【颜色】选项指的是 Flash 文本的颜色，【转滚颜色】选项指的是当鼠标指针移到 Flash 文本上时文本的显示颜色，【背景色】选项指的是 Flash 文本的背景颜色，【另存为】选项指的是 Flash 文本的保存路径和名称。插入"Flash 文本"后，可以通过【属性】面板修改参数，如图 5-19 所示。

图5-19　Flash 文本【属性】面板

在菜单栏中选择【插入】→【媒体】→【Flash 按钮】命令，打开【插入 Flash 按钮】对话框，如图 5-20 所示。设置完参数后即可在文档中插入 Flash 按钮，还可以通过【属性】面板修改参数。

图5-20　【插入 Flash 按钮】对话框

Flash 文本和 Flash 按钮实际上都是 Flash 动画，在指定的【另存为】位置可以找到相应的 Flash 动画文件。需要注意的是，在保存路径中不能出现中文字符，即在硬盘上建立的文件夹，无论有多少层次，中间都不能出现中文字符，保存的文件名也不能含有中文字符，否则将不能创建 Flash 文本和 Flash 按钮。另外，保存的 Flash 动画文件如果使用的是相对路径，应该和网页文档存放在同一目录下。

项目实训 **设置超级链接**

本项目主要介绍了在网页中设置超级链接的基本方法，通过本实训，读者可以进一步巩固所学的基本知识。

要求：将素材文件复制到站点根文件夹下，然后在网页文档中设置超级链接，如图 5-21 所示。

图5-21 上网导航网页

【操作步骤】

1. 在两条水平线中间插入两个 Flash 按钮，设置【样式】为 "Translucent Tab"，【按钮文本】分别为 "生活服务" 和 "图片广场"，【字体】为 "宋体"，【大小】为 "15"，【链接】分别为 "shenghuo.htm" 和 "tupian"，【目标】属性为 "_blank"，【另存为】分别为 "shenghuo.swf" 和 "tupian"。

2. 设置文本 "新浪" 的链接地址为 "http://www.sina.com.cn/"，"音乐 mp3" 的链接地址为 "yinyue.htm"，【目标】均为 "_blank"。

3. 设置图像 "images/google.gif" 的链接地址为 "http://www.google.cn/"，【目标】为 "_blank"。

4. 在文本 "联系我们：" 后面设置电子邮件超级链接，文本和电子邮件地址均为 "lianxi@163.com"。

 项目小结

超级链接通常由源端点和目标端点两部分组成。根据源端点的不同，超级链接可分为文本超级链接、图像超级链接和表单超级链接。文本超级链接以文本作为超级链接源端点，图像超级链接以图像作为超级链接源端点，表单超级链接比较特殊，当填写完表单后，单击相应按钮会自动跳转到目标页。

根据目标端点的不同，超级链接可分为内部超级链接、外部超级链接、电子邮件超级链接和锚记超级链接。内部超级链接是使多个网页组成一个网站的一种链接形式，目标端点和源端点是同一网站内的网页文档。外部超级链接指的是目标端点与源端点不在同一个网站内，外部超级链接可以实现网站之间的跳转，从而将浏览范围扩大到整个网络。电子邮件超级链接将会启动邮件客户端程序，可以写邮件并发送到链接的邮箱中。利用锚记超级链接，在浏览网页时可以跳转到当前网页或其他网页中的某一指定位置，这种链接是通过文档中的命名锚记来实现的。

根据路径的不同，超级链接可分为相对路径和绝对路径，相对路径又可分为文档相对路径和站点根目录相对路径。文档相对路径是本地站点中最常用的链接形式，相对链接的文件之间相互关系并没有发生变化，当移动整个文件夹时就不用更新建立的链接。站点根目录相对路径即从站点根文件夹到文档所经过的路径，通常当网页包含应用程序，文档中包含复杂链接及使用多重的路径参照时，需要使用站点根目录相对路径。绝对路径在网页中主要用作创建站外这种具有固定地址的超级链接，互联网上的许多导航网站使用的就是绝对路径超级链接。

 思考与练习

一、填空题

1. 根据路径的不同，超级链接可分为相对路径和_____。

2. 空链接是一个未指派目标的链接，在【属性】面板【链接】文本框中输入____即可。

3. "mailto:"、"_____" 和 "." 这 3 个元素在电子邮件超级链接中是必不可少的。

4. 使用_____技术可以将一幅图像划分为多个区域，然后分别为这些区域创建不同的超级链接。

5. 使用_____超级链接不仅可以跳转到当前网页中的指定位置，还可以跳转到其他网页中指定的位置。

二、选择题

1. 表示打开一个新的浏览器窗口的是（　　　　）选项。

　　A._blank　　　　　B._parent　　　　　C._self　　　　　D._top

2. 下列（　　　　）项不在图像地图的 3 种形状之列。

　　A. 矩形　　　　　B. 圆形　　　　　C. 椭圆形　　　　　D. 多边形

3. 下列属于超级链接绝对路径的是（　　　　）。

　　A. http://www.wangjx.com/wjx/index.htm

　　B. wjx/index.htm

　　C. ../wjx/index.htm

　　D. /index.htm

4. 在【链接】列表框中输入（　　　　）可创建空链接。

　　A. @　　　　　B. %　　　　　C. #　　　　　D. &

5. 如果要实现在一张图像上创建多个超级链接，可使用（　　　　）超级链接。

　　A. 图像地图　　　B. 锚记　　　　C. 电子邮件　　　D. 表单

6. 下列属于锚记超级链接的是（　　　　）。

　　A. http://www.yixiang.com/index.asp

　　B. mailto:edunav@163.com

　　C. bbs/index.htm

D. http://www.yixiang.com/index.htm#a

7. 要实现从某个页面的一个位置跳转到该页面的另一个位置，可以使用（　　　　）
链接。

    A. 锚记　　　　　　B. 电子邮件　　　C. 表单　　　　　D. 外部

8. 下列命令不能够创建超级链接的是（　　　　）。

    A.【插入】→【图像对象】→【鼠标经过图像】命令

    B.【插入】→【媒体】→【导航条】命令

    C.【插入】→【媒体】→【Flash 文本】命令

    D.【插入】→【媒体】→【Flash 按钮】命令

三、简答题

1. 根据目标端点的不同，超级链接可分为哪几种？

2. 设置锚记超级链接的基本过程是什么？

四、操作题

    将"课后习题/素材"文件夹下的内容复制到站点根文件夹下，然后根据操作提示在网页中设置超级链接，如图5-22所示。

图5-22　在网页中设置超级链接

【操作提示】

（1）设置文本"迎客松"的链接目标为"yingkesong.htm"，目标窗口打开方式为"_blank"。

（2）设置第 1 幅图像的链接目标为"qisong.htm"，第 2 幅图像的链接目标为"guaishi.htm"，设置第 3 幅图像的链接目标为"yunhai.htm"，目标窗口打开方式均为"_blank"。

（3）在正文中的"1、奇松"、"2、怪石"、"3、云海"和"4、温泉"处分别插入锚记名称"1"、"2"、"3"、"4"。

（4）给副标题中的"奇松"、"怪石"、"云海"、"温泉"建立锚记超级链接，分别指到锚记"1"、"2"、"3"、"4"处。

项目六

表格——布局网上花店主页

表格是网页排版的重要工具，使用表格可以将网页中的文本、图像等内容有效地组合在一起。本项目以图 6-1 所示的网上花店主页为例，介绍使用表格进行网页布局的基本方法。在本项目中，将使用表格分别对页眉、主体和页脚进行布局。

图6-1 网上花店主页

学习目标

掌握表格的组成和作用。
学会创建和编辑表格的方法。
学会设置表格和单元格属性的方法。
学会使用表格布局网页的方法。

【设计思路】

本项目设计的是网上花店主页，属于电子商务网页的种类，在页面布局和栏目设置上尊重了商务网页的基本要求。在网页制作过程中，网页顶部放置的是网站名称和经营理念，主体部分左侧是导航栏目，右侧是商品介绍。可以说，该网页页面简洁，图文并茂。

任务一 使用表格布局页眉

在网页制作中，表格的作用主要体现在两个方面，一个是组织数据，如各种数据表，另一个是布局网页，即将网页的各种元素通过表格进行页面布局。下面首先使用表格来布局网页页眉的内容。

【操作步骤】

1. 定义一个本地静态站点，然后将素材文件复制到站点根文件夹下。
2. 创建一个主页文档并保存为"index.htm"。
3. 在【属性】面板中单击 页面属性 按钮，打开【页面属性】对话框，在【外观】分类中将文本【大小】设为"12 像素"，页边距全部设为"0"，在【标题/编码】分类的【标题】文本框中输入"网上花店"，然后单击 确定 按钮。
4. 将鼠标光标置于页面中，然后在菜单栏中选择【插入】→【表格】命令，或在【插入】→【常用】面板中单击 （表格）按钮，打开【表格】对话框，参数设置如图 6-2 所示，然后单击 确定 按钮插入表格。

图6-2 【表格】对话框

　　在使用表格进行页面布局时，通常将边框粗细设置为"0"，这样在浏览器中显示时就看不到表格边框了。但在 Dreamweaver 文档窗口中，边框线可以显示为虚线，以利于页面内容的布局。

【知识链接】

【表格】对话框的相关参数说明如下。

- 【行数】和【列数】：设置要插入表格的行数和列数。
- 【表格宽度】：用于设置表格的宽度，单位有两个："像素"和"%"。以"像素"为单位设置表格的宽度，表格的绝对宽度将保持不变。以"%"为单位设置表格的宽度，表格的宽度将随浏览器的大小变化而变化。
- 【边框粗细】：用于设置单元格边框的宽度，以"像素"为单位。
- 【单元格边距】：用于设置单元格内容与边框的距离，以"像素"为单位。
- 【单元格间距】：用于设置单元格之间的距离，以"像素"为单位。

- 【页眉】：其中【无】表示表格不使用列或行标题，【左】表示将表格的第 1 列作为标题列，以便用户为表格中的每一行输入一个标题，【顶部】表示将表格的第 1 行作为标题行，以便用户为表格中的每一列输入一个标题，【两者】表示用户能够在表格中同时输入行标题或列标题。
- 【标题】：用于设置表格的标题，该标题不包含在表格内。
- 【对齐标题】：用于设置表格标题相对于表格的显示位置。
- 【摘要】：用于设置表格的说明，该文本不会显示在浏览器中。

5. 确认表格处于被选中状态，然后在【属性】面板的【对齐】下拉列表中选择【居中对齐】选项，设置【背景图像】为 "images/bg.gif"，如图 6-3 所示。

图6-3 表格【属性】面板

【知识链接】

选择表格的方法如下：

- 单击表格左上角或者单击表格中任何一个单元格的边框线。
- 将鼠标光标移至欲选择的表格内，单击文档窗口左下角对应的 "＜table＞" 标签。
- 将鼠标光标置于表格的边框上，当鼠标光标呈 ÷ 形状时单击鼠标。
- 将鼠标光标置于表格内，在菜单栏中选择【修改】→【表格】→【选择表格】命令或在鼠标右键快捷菜单中选择【表格】→【选择表格】命令。

表格【属性】面板的相关参数说明如下。

- 【表格 Id】：设置表格唯一的 ID 名称，在创建表格高级 CSS 样式时经常用到。
- 【行】和【列】：设置表格的行数和列数。
- 【宽】和【高】：设置表格的宽度和高度，以 "像素" 或 "%" 为单位。
- 【填充】：设置单元格内容与单元格边框的距离，也就是单元格边距。
- 【间距】：设置单元格之间的距离，也就是单元格间距。
- 【对齐】：设置表格的对齐方式，如 "左对齐"、"右对齐" 和 "居中对齐" 等。
- 【边框】：设置表格边框的宽度，如果设置为 "0" 表示没有边框，但可以在编辑状态下选择【查看】→【可视化助理】→【表格边框】命令，显示表格的虚线框。
- 和 按钮：清除行高和列宽。
- 和 按钮：根据当前值，将列宽转换为像素值和百分比。
- 和 按钮：根据当前值，将行高转换为像素值和百分比。
- 【背景颜色】：设置表格的背景颜色。可以单击 按钮，在弹出的拾色器中选择需要的颜色，也可以直接在右侧的文本框中输入颜色的值。
- 【边框颜色】：设置表格的格线颜色。

- 【背景图像】：设置表格的背景图像。
- 【类】：设定表格所使用的 CSS 样式。

6. 将鼠标光标置于第 1 个单元格内，在单元格【属性】面板的【水平】下拉列表框中选择【居中对齐】选项，在【宽】文本框中输入"204"，如图 6-4 所示。

图6-4　单元格【属性】面板

【知识链接】

单元格【属性】面板的相关参数说明如下。

- □和北按钮：分别用来合并选中的单元格或者将一个单元格拆分成几个单元格。
- 【水平】：设置单元格内容在水平方向上的对齐方式。
- 【垂直】：设置单元格内容在垂直方向上的对齐方式。
- 【宽】和【高】：设置单元格的宽度和高度，以"像素"为单位。
- 【不换行】：勾选此复选框，单元格中的内容将不换行，单元格会被内容撑开。
- 【标题】：勾选此复选框，所选择的单元格将会成为标题单元格。
- 【背景】：设置单元格的背景图像。
- 【背景颜色】：设置单元格的背景颜色。
- 【边框】：设置单元格边框的颜色。

7. 仍将鼠标光标置于第 1 个单元格内，然后在菜单栏中选择【插入】→【图像】命令，将图像文件"images/logo.gif"插入到单元格中。

8. 在图像【属性】面板的【替换】文本框中输入"网上商店"，在【垂直边距】和【水平边距】文本框中均输入"2"，如图 6-5 所示。

图6-5　设置图像属性

9. 将鼠标光标置于第 2 个单元格内，并在【属性】面板的【水平】下拉列表中选择【居中对齐】选项，然后输入文本"欢迎光临，我们将竭诚为您服务"。

10. 选择文本"欢迎光临，我们将竭诚为您服务"，然后在【属性】面板的【字体】下拉列表中选择【隶书】选项，在【大小】下拉列表中选择【36 像素】选项，在【颜色】文本框中输入"#FFFFFF"，如图 6-6 所示。

图6-6　设置文本属性

【知识链接】

一个完整的表格包括行、列、单元格、单元格间距、单元格边距（填充）、表格边框和单元格边框。表格边框可以设置粗细、颜色等属性，单元格边框粗细不可设置。另外，表格的HTML标签是"<table>"，行的HTML标签是"<tr>"，单元格的HTML标签是"<td>"。

一个包括 n 列表格的宽度＝2×表格边框＋$(n+1)$×单元格间距＋2n×单元格边距＋n×单元格宽度＋2n×单元格边框宽度（1 个像素）。掌握这个公式是非常有用的，在运用表格布局时，精确地定位网页就是通过设置单元格的宽度或者高度来实现的。

用表格布局网页是表格一个非常重要的功能，但在生活中表格最直接的功能应该是组织数据，如工资表、成绩单等。图 6-7 所示为一个成绩单，该表格边框粗细为"1"，边距和间距均为"2"，第 1 行和第 1 列为页眉，单元格宽度均为"60"，单元格对齐方式为"居中对齐"。

成绩单

姓名	语文	数学	英语	总分
宋馨华	95	90	100	285
宋立倩	90	95	95	280
宋昱霄	90	98	95	283
宋昱涛	98	96	98	292

图6-7 成绩单

任务二 使用嵌套表格布局主体页面

在使用表格进行页面布局时，经常用到嵌套表格。所谓嵌套表格，就是在表格的单元格中再插入表格。下面将使用嵌套表格来布局网页主体部分的内容。

（一） 布局左栏内容

下面介绍使用嵌套表格对主体页面左栏的内容进行定位的方法。

【操作步骤】

1. 选中整个页眉表格或者将鼠标光标置于页眉表格的最右侧，然后单击【插入】→【常用】面板中的 ⊞ 按钮，在页眉表格的下面继续插入一个表格，表格参数设置如图 6-8 所示。

图6-8 表格参数设置

2. 将鼠标光标置于左侧单元格内，在【属性】面板中设置其【水平】对齐方式为"居中对齐"，【垂直】对齐方式为"顶端"，【宽】为"140"，如图 6-9 所示。

图6-9 单元格属性设置

3. 在菜单栏中选择【插入】→【表格】命令，在左侧单元格中插入一个 6 行 1 列的嵌套表格，如图 6-10 所示。

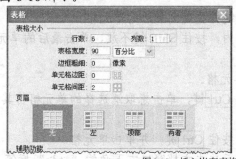

图6-10　插入嵌套表格

4. 在单元格中输入文本，然后将鼠标光标置于第 1 个单元格内，在鼠标右键快捷菜单中选择【表格】→【插入行或列】命令，打开【插入行或列】对话框，在单元格上面再插入一行，如图 6-11 所示。

图6-11　【插入行或列】对话框

【知识链接】

在表格中增加行或列的方法如下。

- 在菜单栏中选择【修改】→【表格】→【插入行或列】命令，或在鼠标右键快捷菜单中选择【表格】→【插入行或列】命令，将在鼠标光标所在行的上面插入一行或在列的左侧插入一列。
- 在菜单栏中选择【修改】→【表格】→【插入行或列】命令或在鼠标右键快捷菜单中选择【表格】→【插入行或列】命令，可以通过【插入行或列】对话框设置是插入行还是列及其行数和位置。
- 在菜单栏中选择【插入】→【表格对象】→【在上面插入行】、【在下面插入行】、【在左边插入列】、【在右边插入列】命令插入行或列。

　　如果要删除行或列，可以先将鼠标光标置于要删除的行或列中，或者将要删除的行或列选中，然后在菜单栏中选择【修改】→【表格】→【删除行】或【删除列】命令。最简捷的方法就是选定要删除的行或列，然后在键盘上按下 Delete 键将选定的行或列删除。也可以通过鼠标右键快捷菜单进行以上操作。

5. 将鼠标光标置于"生日送花"单元格内，按住 Shift 键不放，单击"商务花篮"单元格来选中已添加文本的所有单元格，然后设置单元格属性，如图 6-12 所示。

图6-12　设置单元格属性

【知识链接】

选择相邻单元格的方法如下。

- 在开始的单元格中按住鼠标左键并拖曳到最后的单元格。
- 将鼠标光标置于开始的单元格内，按住 Shift 键不放，单击最后的单元格。

选择不相邻的单元格的方法如下。

- 按住 Ctrl 键，单击欲选择的单元格。
- 在已选择的连续单元格中按住 Ctrl 键，单击想取消选择的单元格将其去除。

选择单个单元格的方法如下。

- 先将鼠标光标置于单元格内，按住 Ctrl 键，并单击单元格。
- 将鼠标光标置于单元格内，然后单击文档窗口左下角的"<td>"标签。

6. 选中文本"生日送花"，然后在【属性】面板的【字体】下拉列表中选择"黑体"选项，在【大小】下拉列表中选择"16 像素"选项，这时在【样式】下拉列表中自动出现了相应的样式名称"STYLE2"，如图 6-13 所示。

7. 用同样的方法设置其他单元格文本的字体和大小，也可以直接在【样式】下拉列表框中选择相对应的样式名称"STYLE2"来设置，效果如图 6-14 所示。

图6-13 设置文本属性　　　　　　　　　　　　　　　图6-14 应用文本样式

（二） 布局右栏内容

下面介绍使用嵌套表格对主体页面右栏的内容进行定位的方法。

【操作步骤】

1. 将鼠标光标置于主体页面右侧单元格内，在【属性】面板中设置【水平】对齐方式为"居中对齐"，【垂直】对齐方式为"顶端"，【背景颜色】为"#FFFFFF"，如图 6-15 所示。

图6-15 设置单元格属性

2. 在菜单栏中选择【插入】→【表格】命令，在右侧单元格中插入一个 7 行 4 列的嵌套表格，如图 6-16 所示。

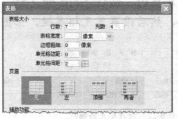

图6-16 插入嵌套表格

说明 　　如果没有设置表格宽度，插入的表格列宽将以默认大小显示，当输入内容时表格将自动伸展。插入表格后，可以定义每行单元格的宽度、边距、间距等，这样也就等于定义了表格的宽度。

3. 将鼠标光标置于第 2 行的任意一个单元格中，然后单击文档窗口左下角的 "<tr>" 标签来选中该行，如图 6-17 所示，然后在【属性】面板中设置单元格的【宽】和【高】均为 "150"。

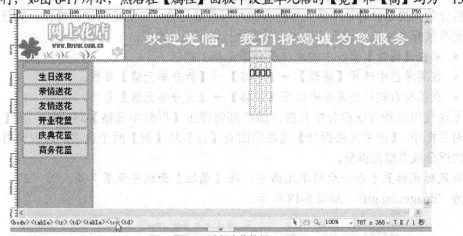

图6-17　选择表格的行

说明 　　由于这是一个两层的嵌套表格，因此应该单击第 2 个 "<table>" 中的 "<tr>" 标签而不是第 1 个 "<table>" 中的 "<tr>" 标签。

【知识链接】

选择表格的行、列的方法如下：

- 当鼠标指针位于欲选择的行首或者列顶时，鼠标指针变成黑色箭头，这时单击鼠标左键，便可选择行或者列。
- 按住鼠标左键从左至右或者从上至下拖曳，将欲选择的行或列选择。
- 还有一种方法可以选择行，将鼠标光标移到欲选择的行中，然后单击文档窗口左下角的 "<tr>" 标签，这种方法只能用来选择行，而不能用来选择列。

选择表格不相邻的行和列的方法如下。

- 按住 Ctrl 键，将鼠标指针置于欲选择的行首或者列顶，当鼠标指针变成黑色箭头时，依次单击鼠标左键。
- 按住 Ctrl 键，在已选择的连续行或列中单击想取消的行或列将其去除。

4. 用同样的方法设置第 5 行单元格的【高】为 "150"，然后设置第 3 行和第 6 行单元格的【高】为 "25"，【水平】对齐方式为 "居中对齐"。

说明 　　设置了表格中任意一个单元格的宽度和高度后，和其在同一列的单元格的宽度、同一行的单元格的高度不必再单独设置。

5. 选择表格第 4 行所有单元格，然后在菜单栏中选择【修改】→【表格】→【合并单元格】命令对单元格进行合并。

【知识链接】

合并单元格是针对多个单元格而言的，而且这些单元格必须是连续的一个矩形。合并单元格时首先需要选中这些单元格，然后执行以下任一操作即可。

- 单击【属性】面板中的▢（合并单元格）按钮。
- 在菜单栏中选择【修改】→【表格】→【合并单元格】命令。
- 在鼠标右键快捷菜单中选择【表格】→【合并单元格】命令。

拆分单元格是针对单个单元格而言的，可看成是合并单元格的逆向操作。拆分单元格首先需要将鼠标光标置于该单元格内，然后执行以下任一操作。

- 单击【属性】面板中的**﹐**（拆分单元格）按钮。
- 在菜单栏中选择【修改】→【表格】→【拆分单元格】命令。
- 在鼠标右键快捷菜单中选择【表格】→【拆分单元格】命令。

无论使用哪种方法拆分单元格，最终都将弹出【拆分单元格】对话框。在【拆分单元格】对话框中，【把单元格拆分】选项后面有【行】和【列】两个选项，这表明可以将单元格纵向拆分或者横向拆分。

6. 将鼠标光标置于合并后的单元格中，在【属性】面板中设置其高度为"2"，背景图像为 "images/bg.gif"，如图 6-18 所示。

图6-18 设置背景图像

7. 单击文档窗口左上角的 代码 按钮，切换到【代码】视图，将单元格源代码中的不换行空格符 " " 删除，然后再单击 设计 按钮切换到【设计】视图，如图 6-19 所示。

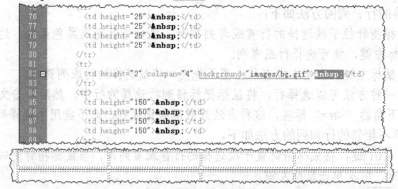

图6-19 删除不换行空格符

 在设置行或列单元格高度或宽度为较小数值时，为了达到实际效果，必须将源代码中的不换行空格符 " " 删除，这也是使用表格制作细线效果的一种技巧。

8. 在表格第 2 行的 4 个单元格中依次插入 "项目素材" 图像 "images/1-1.jpg"、"images/1-2.jpg"、"images/1-3.jpg" 和 "images/1-4.jpg"，并在每个图像下面的单元格中输入相应的文本。

9. 在表格第 5 行的 4 个单元格中依次插入 "项目素材" 图像 "images/2-1.jpg"、"images/2-2.jpg"、"images/2-3.jpg" 和 "images/2-4.jpg"，并在每个图像下面的单元格中输入相应的文本。

10. 选择表格的第 7 行，然后按 Delete 键将该行删除。

【知识链接】

如果要删除表格的行或列，可以先将鼠标光标置于要删除的行或列中，或者将要删除的行或列选中，然后在菜单栏中选择【修改】→【表格】→【删除行】或【删除列】命令，或在鼠标右键快捷菜单选择【表格】→【删除行】或【删除列】命令即可。最简便的方法是选定要删除的行或列，然后按 $\boxed{\text{Delete}}$ 键直接删除。

如果要删除表格的内容而不想删除表格，可以选择一个或多个单元格，但不能选择整行、整列或者整个表格。只有这样，被选择的行、列或者单元格中的内容被删除后，表格的结构或属性才不会发生变化。

任务三　使用表格布局页脚

每个网页都有页脚信息，下面使用表格来布局网页页脚的内容。

【操作步骤】

1. 将鼠标光标置于网页主体部分最外层表格的右侧，然后插入一个 2 行 1 列、宽为 "780 像素" 的表格，其单元格边距和边框粗细均为 "0"，单元格间距为 "2"。

2. 在【属性】面板中设置表格的【高】为 "60 像素"，【背景图像】为 "images/bg.gif"，如图 6-20 所示。

图6-20　表格属性设置

3. 将每行单元格的水平对齐方式均设置为 "居中对齐"，然后输入相应的文本并保存文档，如图 6-21 所示。

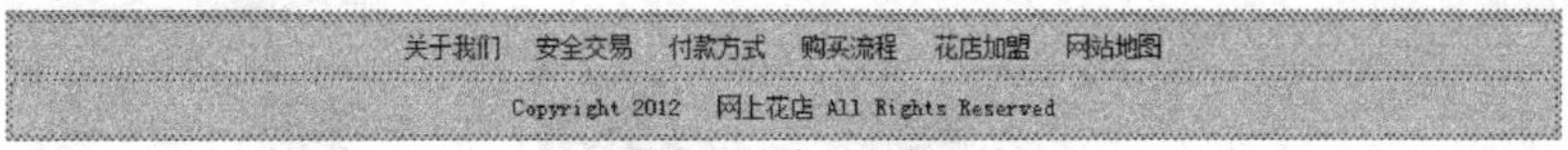

关于我们　安全交易　付款方式　购买流程　花店加盟　网站地图

Copyright 2012　网上花店 All Rights Reserved

图6-21　输入文本

【知识链接】

在 Dreamweaver 8 中，还可以通过系统提供的表格模板来格式化表格，这些表格模板可以通过设置模板参数来调整其外观。方法是，首先选中要格式化的表格，然后在菜单栏中选择【命令】→【格式化表格】命令，打开【格式化表格】对话框，在其中进行参数设置即可，如图 6-22 所示。

表格还可以根据表格列中的数据来进行排序，主要是针对具有数据的表格。方法是，首先选中表格，然后在菜单栏中选择【命令】→【排序表格】命令，打开【排序表格】对话框，进行参数设置即可，如图 6-23 所示。

图6-22　【格式化表格】对话框

在 Dreamweaver 8 中，还可以将一些具有制表符、逗号、句号、分号或其他分隔符的已经格式化的表格数据导入到网页文档中，也可以将网页中的表格导出为文本文件保存，这对于需要在网页中放置大量格式化数据的情况提供了更加快捷、方便的方法。方法是，在菜单栏中选择【文件】→【导入】→【Excel 文档】命令或【表格式数据】命令导入表格，选择【文件】→【导出】→【表格】命令导出表格。读者可通过具体操作进行熟悉，在此不再详述。

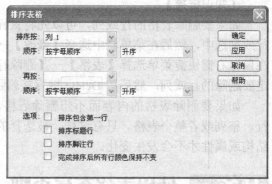

图6-23 【排序表格】对话框

项目实训 使用表格布局网页

本项目主要介绍了使用表格布局网页的基本方法，通过本实训将让读者进一步巩固所学的基本知识。

要求：将素材文件复制到站点根文件夹下，然后使用表格布局如图 6-24 所示网页。

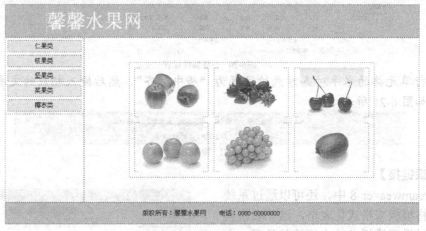

图6-24 布局"馨馨水果网"页面

【操作步骤】

1. 设置页面默认字体大小为"12 像素"，页眉表格为 1 行 2 列，宽度为"780 像素"，高度为"60 像素"，边距、间距和边框均为"0"，背景颜色为"#00CC66"，对齐方式为"居中对齐"。第 1 个单元格的宽度为"80"，第 2 个单元格的文本大小为"36"，颜色为"#FFFFFF"。

2. 设置主体部分外层表格为 1 行 2 列，宽度为"780 像素"，高度为"300 像素"，边距、间距和边框均为"0"，对齐方式为"居中对齐"。第 1 个单元格的宽度为"150"，水平对齐方式为"居中对齐"，垂直对齐方式为"顶端"，第 2 个单元格水平对齐方式为"居中对齐"，垂直对齐方式为"居中"。

3. 设置左侧单元格中的嵌套表格为 5 行 1 列，宽度为"100%"，边距和间距均为"5"，边框为"0"，所有单元格的背景颜色为"#CCCCCC"，水平对齐方式均为"居中对齐"。设置右侧单元格的嵌套表格为 2 行 3 列，宽度为"460 像素"，间距为"10"，边距和边框均为"0"，所有单元格的宽度均为"140"，水平对齐方式均为"居中对齐"，其中的图像文件依次为"项目素材""shuiguo01.jpg"、"shuiguo02.jpg"、"shuiguo03.jpg"、"shuiguo04.jpg"、"shuiguo05.jpg"和"shuiguo06.jpg"。

4. 设置页脚表格为 1 行 1 列，宽度为"780 像素"，高度为"40 像素"，边距为"5"，间距和边框均为"0"，背景颜色为"#00CC66"，对齐方式为"居中对齐"，单元格的水平对齐方式为"居中对齐"。

 项目小结

本项目介绍了使用表格对网页进行布局的基本方法，详细阐述了插入表格、编辑表格、表格属性设置及单元格属性设置等基本内容。熟练掌握表格的各种操作和属性设置会给网页制作带来极大的方便，是需要重点学习和掌握的内容之一。

在本项目中，最外层表格的宽度是用"像素"来定制的，这样网页文档不会随着浏览器分辨率的改变而发生变化。插入嵌套表格可以区分不同的栏目内容，使各个栏目相互独立，但嵌套表格最好不要层次太多，否则会增加网页的打开时间。在没有设置 CSS 样式的情况下，在一个文档中的表格不能在水平方向并排，而只能在垂直方向按顺序排列。

 思考与练习

一、填空题

1. 单击文档窗口左下角的"_____"标签可以选择表格。

2. 单击文档窗口左下角的"_____"标签可以选择行。

3. 单击文档窗口左下角的"_____"标签可以选择单元格。

4. 一个包括 n 列表格的宽度＝2×_____＋（$n+1$）×单元格间距+2n×单元格边距+n×单元格宽度+2n×单元格边框宽度（1 个像素）。

5. 设置表格的宽度可以使用两种单位，分别是"像素"和"_____"。

6. 将鼠标光标置于开始的单元格内，按住_____键不放，单击最后的单元格可以选择连续的单元格。

7. 选择不相邻的行、列或单元格的方法是，按住_____键，单击欲选择的行、列或单元格。

8. 如果要删除行或列，最简捷的方法就是选定要删除的行或列，然后在键盘上按下_____键将选定的行或列删除。

二、选择题

1. 下列操作不能实现拆分单元格的是（　　　　）。

　A. 在菜单栏中选择【修改】→【表格】→【拆分单元格】命令

　B. 单击鼠标右键，在其快捷菜单中选择【表格】→【拆分单元格】命令

C. 单击单元格【属性】面板左下方的 ⌐ 按钮

D. 单击单元格【属性】面板左下方的 □ 按钮

2. 一个 3 列的表格，表格边框宽度是"2 像素"，单元格间距是"5 像素"，单元格边距是"3 像素"，单元格宽度是"30 像素"，那么该表格的宽度是"（　　　）像素"。

　　A. 138　　　　　　B. 148　　　　　　C. 158　　　　　　D. 168

3. 选择相邻单元格的方法是，将鼠标光标置于开始的单元格内，按住（　　　）键不放，单击最后的单元格。

　　A. Ctrl　　　　　B. Alt　　　　　　C. Shift　　　　　D. Tab

4. 选择单个单元格的方法是，先将鼠标光标置于单元格内，按住（　　　）键，并单击单元格。

　　A. Ctrl　　　　　B. Alt　　　　　　C. Shift　　　　　D. Tab

5. 下列关于表格的说法错误的是（　　　）。

　　A. 表格可以设置背景颜色　　　　　　B. 表格可以设置背景图像

　　C. 表格可以设置边框颜色　　　　　　D. 表格可以设置单元格边框粗细

三、简答题

1. 选择表格的方法有哪些？

2. 如何进行单元格的合并？

四、操作题

根据操作提示制作如图 6-25 所示的日历表。

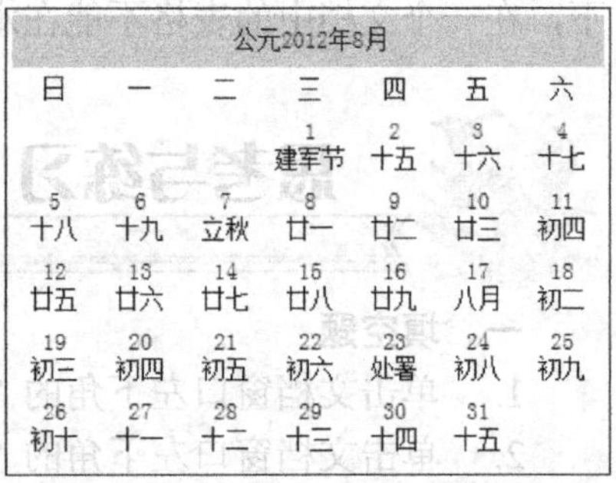

【操作提示】

（1）设置页面字体为"宋体"，大小为"14 px"。

（2）插入一个 7 行 7 列的表格，宽度为"350 像素"，填充为、间距和边框均为"0"，标题行格式为"无"。

（3）对第 1 行所有单元格进行合并，然后设置单元格水平对齐方式为"居中对齐"，垂直对齐方式为"居中"，高度为"30"，背景颜色为"#99CCCC"，并输入文本"公元 2012 年 8 月"。

公元2012年8月						
日	一	二	三	四	五	六
		1 建军节	2 十五	3 十六	4 十七
5 十八	6 十九	7 立秋	8 廿一	9 廿二	10 廿三	11 初四
12 廿五	13 廿六	14 廿七	15 廿八	16 廿九	17 八月	18 初二
19 初三	20 初四	21 初五	22 初六	23 处暑	24 初八	25 初九
26 初十	27 十一	28 十二	29 十三	30 十四	31 十五	

图6-25 日历表

（4）设置第 2 行所有单元格的水平对齐方式为"居中对齐"，宽度为"50"，高度为"25"，并在单元格中输入文本"日"、"一"、"二"、"三"、"四"、"五"、"六"。

（5）设置第 3 行至第 7 行所有单元格水平对齐方式为"居中对齐"，垂直对齐方式为"居中"，高度为"40"。

（6）在第 3 行第 4 个单元格中输入"1"，然后按 Shift+Enter 键换行，接着输入相应文本，按照同样的方法依次在其他单元格中输入文本。

项目七

框架——布局都市社区网页

框架也是网页布局的工具之一，它能够将网页分割成几个独立的区域，每个区域显示独立的内容。框架的边框还可以隐藏，从而使其看起来与普通网页没有任何不同。本项目以图7-1 所示的都市社区网页为例，介绍创建、编辑和保存框架以及设置框架属性的基本方法。在本项目中，首先创建一个"上方固定，左侧嵌套"的框架集，然后再将右侧框架拆分成上下两个框架，并进行相关属性设置。

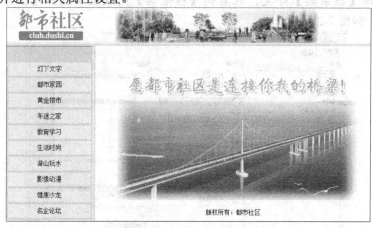

图7-1　都市社区网页

学习目标

掌握框架和框架集的概念。

学会创建框架和框架集的方法。

学会编辑框架和框架集的方法。

学会设置框架和框架集属性的方法。

学会设置框架中链接目标窗口的方法。

【设计思路】

本项目设计的是都市社区网页，使用的是框架技术。框架能够将浏览器窗口分割成几个独立的区域，每个区域显示独立的内容。使用框架最常见的情况就是，一个框架显示包含导航控件的文档，而另一个框架显示含有内容的文档。都市社区网页使用的就是这种设计方法，读者可以仔细体会。

任务一　创建论坛框架网页

框架技术在网页制作中是非常有用的。下面介绍使用框架布局论坛网页的基本方法。

（一）　创建框架

当创建框架网页时，Dreamweaver 8 就建立起一个未命名的框架集文件。框架集文件实际上就是框架的集合，每个框架又包含一个文档。也就是说，一个包含 4 个框架的框架集实际上存在 5 个文件：一个是框架集文件，其他的分别是包含于各自框架内的文件。下面介绍创建框架网页的基本方法。

【操作步骤】

1. 首先定义一个本地静态站点，然后将素材文件复制到站点根文件夹下。
2. 在菜单栏中选择【文件】→【新建】命令，打开【新建文件】对话框，在【常规】选项卡中选择【框架集】分类，在右侧【框架集】列表框中选择【上方固定，左侧嵌套】选项，如图 7-2 所示。

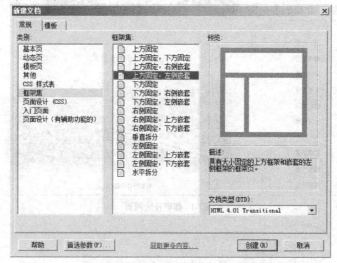

图7-2　选择【上方固定，左侧嵌套】选项

【知识链接】

Dreamweaver 8 中预先定义了很多种框架集，创建预定义框架集的方法如下。

- 在菜单栏中选择【文件】→【新建】命令，打开【新建文件】对话框，在【常规】选项卡中选择【框架集】命令。
- 在起始页中选择【从范例创建】→【框架集】命令。
- 在当前网页中单击【插入】面板中的【框架】工具按钮。
- 在当前网页中选择菜单栏中的【插入】→【HTML】→【框架】命令。

3. 如果在【首选参数】→【辅助功能】设置中已经勾选了【框架】复选项，单击 创建(R) 按钮，这时将弹出【框架标签辅助功能属性】对话框，在【框架】下拉列表中每选择一个框架，就可以在其下面的【标题】文本框中为其指定一个标题名称，如图 7-3 所示。

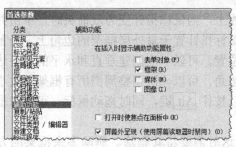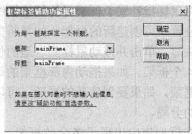

图7-3　【框架标签辅助功能属性】对话框

4.　如果在【首选参数】→【辅助功能】设置中没有勾选【框架】复选项，单击 创建(R) 按钮，将直接创建如图 7-4 所示的框架集。

图7-4　框架集

5.　将鼠标光标置于右下侧的"mainFrame"框架内，在【插入】→【布局】面板的【框架】按钮组中单击▭（底部框架）按钮，如果在【首选参数】→【辅助功能】设置中已经勾选了【框架】复选项，这时仍将弹出【框架标签辅助功能属性】对话框，否则将直接插入一个框架。也可以在菜单栏中选择【修改】→【框架页】→【拆分上框架】或【拆分下框架】命令，将该框架拆分为上下两个框架，如图 7-5 所示。

图7-5　拆分框架

【知识链接】

　　虽然 Dreamweaver 8 预先提供了许多框架集，但并不一定满足实际需要，这时就需要在预定义框架集的基础上进行拆分框架的操作或直接手动自定义框架集的结构。

　　在菜单栏中选择【修改】→【框架页】命令，在弹出的子菜单中选择【拆分左框架】、【拆分右框架】、【拆分上框架】或【拆分下框架】命令可以拆分框架。这些命令可以反复用来对框架进行拆分，直至满意为止。

　　在菜单栏中选择【查看】→【可视化助理】→【框架边框】命令，显示出当前网页的边框，然后将鼠标指针置于框架最外层边框线上，当鼠标指针变为双箭头时，单击并拖动鼠标到合适的位置即可创建新的框架。如果将鼠标指针置于最外层框架的边角上，当鼠标指针变为十字箭头时，单击并拖动鼠标到合适的位置，可以一次创建垂直和水平的两条边框，将框架分隔为 4 个框架。如果拖动内部框架的边角，可以一次调整周围所有框架的大小，但不能创建新的框架。如果要创建新的框架，可以按住 Alt 键，同时拖动鼠标，可以对框架进行垂直和水平的分隔。

如果在框架集中出现了多余的框架，这时需要将其删除。删除多余框架的方法比较简单，用鼠标将其边框拖曳到父框架边框上或拖离页面即可。

（二） 保存框架

由于一个框架集包含多个框架，每一个框架都包含一个文档，因此一个框架集会包含多个文件。在保存框架网页的时候，不能只简单地保存一个文件，而要将所有的框架网页文档都保存下来。下面介绍保存框架网页的基本方法。

【操作步骤】

1. 在菜单栏中选择【文件】→【保存全部】命令，整个框架边框的内侧会出现一个阴影框，同时弹出【另存为】对话框。因为阴影框出现在整个框架集边框的内侧，所以要求保存的是整个框架集，如图 7-6 所示。

图7-6 保存整个框架集

2. 输入文件名 "index.htm"，然后单击 保存(S) 按钮将整个框架集保存。

3. 出现第 2 个【另存为】对话框，要求保存标题为 "bottomFrame" 的框架，输入文件名 "bottom2.htm" 进行保存。

4. 出现第 3 个【另存为】对话框，要求保存标题为 "mainFrame" 的框架，输入文件名 "main2.htm" 进行保存。

5. 出现第 4 个【另存为】对话框，要求保存标题为 "leftFrame" 的框架，输入文件名 "left2.htm" 进行保存。

6. 出现第 5 个【另存为】对话框，要求保存标题为 "topFrame" 的框架，输入文件名 "top2.htm" 进行保存。

说明　此时每一个框架里都是一个空文档，需要像制作普通网页一样进行制作，当然也可以在该框架内直接打开已经预先制作好的文档。

7. 将鼠标光标置于顶部框架内，在菜单栏中选择【文件】→【在框架中打开】命令，打开文档"top.htm"，然后依次在各个框架内打开文档"left.htm"、"main.htm"和"bottom.htm"，如图7-7所示。

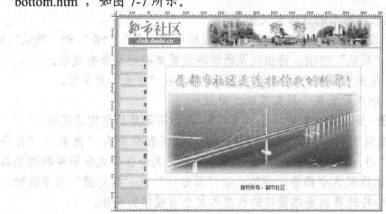

图7-7　在框架内打开文档

8. 在菜单栏中选择【文件】→【保存全部】命令，再次将文档进行保存。

【知识链接】

如果仅仅是修改了某一个框架中文档的内容，可以选择【文件】→【保存框架】命令进行单独保存。如果要给框架中的文档改名，可以选择【文件】→【框架另存为】命令进行换名保存。如果要将框架保存为模板，可以选择【文件】→【框架另存为模板】命令进行保存。

任务二　设置论坛框架网页

框架网页创建好以后，框架的大小、边框宽度、是否有滚动条等不一定符合实际要求，这就需要对其进行设置。本任务介绍通过【属性】面板设置框架集和框架属性的基本方法。

（一）　设置框架集和框架属性

下面对已经创建好的框架集和框架进行属性设置。

【操作步骤】

首先设置框架集属性。

1. 在菜单栏中选择【窗口】→【框架】命令，打开【框架】面板，在面板中单击最外层框架集边框，将整个框架集选中，如图 7-8 所示。在文档窗口中被选择的框架集边框将显示为虚线。

说明　在文档窗口中，当鼠标靠近框架集边框且出现上下箭头时，单击整个框架集的边框也可将其选中。

2. 在【属性】面板中设置框架集属性，如图7-9所示。

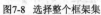

图7-8 选择整个框架集

图7-9 设置框架集属性

【知识链接】

框架集【属性】面板各参数的具体含义如下。

- **【边框】**：用于设置是否有边框，其下拉列表框中有"是"、"否"和"默认"3 个选项。选择"默认"选项，将由浏览器端的设置来决定是否有边框。
- **【边框宽度】**：用来设置整个框架集的边框宽度，以"像素"为单位。
- **【边框颜色】**：用来设置整个框架集的边框颜色。
- **【行】或【列】**：显示【行】还是显示【列】，是由框架集的结构决定的。
- **【单位】**：用来设置行、列尺寸的单位，其下拉列表框中有"像素"、"百分比"和"相对"3 个选项。以"像素"为单位时，无论在多大分辨率的浏览器窗口中，显示的框架大小都是一样的。以"百分比"或"相对值"为单位时，框架的尺寸大小将随着浏览器窗口的改变而发生有规律的变化。

3. 在【属性】面板中，单击框架集预览图底部，然后设置相应参数，如图 7-10 所示。

图7-10 设置框架集属性

以"像素"为单位设置框架大小时，尺寸是绝对的，即这种框架的大小永远是固定的。若网页中其他框架用不同的单位设置框架的大小，则浏览器首先为这种框架分配屏幕空间，再将剩余空间分配给其他类型的框架。

以"百分比"为单位设置框架大小时，框架的大小将随框架集大小按所设的百分比发生变化。在浏览器分配屏幕空间时，它比"像素"类型的框架后分配，比"相对"类型的框架先分配。

以"相对"为单位设置框架大小时，这种类型的框架在前两种类型的框架分配完屏幕空间后再分配，它占据前两种框架的所有剩余空间。

4. 在【框架】面板中单击第 2 层框架集边框，将第 2 层框架集选中，如图 7-11 所示。
5. 设置第 2 层框架集属性，如图 7-12 所示。

图7-11 选择第 2 层框架集

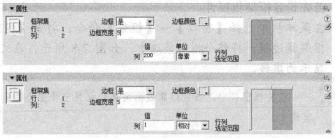

图7-12 设置第 2 层框架集属性

6. 在【框架】面板中单击第 3 层框架集边框，将第 3 层框架集选中，如图 7-13 所示。

7. 设置第 3 层框架集属性，如图 7-14 所示。

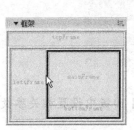

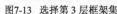

图7-13　选择第 3 层框架集　　　　　　　　　　图7-14　设置第 3 层框架集属性

下面设置各个框架的属性。

8. 在【框架】面板中单击"topFrame"框架或按下 Alt 键，在"topFrame"框架内单击鼠标左键将框架选中，然后在【属性】面板中设置相关参数，如图 7-15 所示。

图7-15　设置"topFrame"框架属性

【知识链接】

框架【属性】面板各参数的具体含义如下。

- 【框架名称】：用于设置链接指向的目标窗口名称。
- 【源文件】：用于设置框架中显示的页面文件。
- 【边框】：用于设置框架是否有边框，其下拉列表中包括"默认"、"是"和"否"3 个选项。选择"默认"选项，将由浏览器端的设置来决定是否有边框。
- 【滚动】：用来设置是否为可滚动窗口，其下拉列表框中包含"是"、"否"、"自动"和"默认"4 个选项。选择【自动】选项，将根据窗口的显示大小而定。如果内容在窗口中不能全部显示出来，将自动添加滚动条。如果内容在窗口中全部显示出来，将没有滚动条。
- 【不能调整大小】：用来设置在浏览器中是否可以手动设置框架的尺寸大小。
- 【边框颜色】：用来设置框架边框的颜色。
- 【边界宽度】：用来设置左右边界与内容之间的距离，以"像素"为单位。
- 【边界高度】：用来设置上下边框与内容之间的距离，以"像素"为单位。

9. 在【框架】面板中单击"leftFrame"框架，然后在【属性】面板中设置相关参数，如图 7-16 所示。

图7-16　设置"leftFrame"框架属性

10. 在【框架】面板中单击"mainFrame"框架，然后在【属性】面板中设置相关参数，如图 7-17 所示。

图7-17 设置"mainFrame"框架属性

11. 在【框架】面板中单击"bottomFrame"框架，然后在【属性】面板中设置相关参数，如图 7-18 所示。

图7-18 设置"bottomFrame"框架属性

至此，框架集和框架的属性就设置完了。

（二） 设置框架中链接的目标窗口

下面介绍在框架网页中设置超级链接目标窗口的方法。

【操作步骤】

1. 在左侧框架中选中文本"灯下文字"，然后在【属性】面板的【链接】文本框中将其链接的目标文件设置为"lanmu01.htm"，【目标】选项设置为"mainFrame"，如图 7-19 所示。

图7-19 设置框架中链接的目标窗口

2. 用相同的方法依次设置其他文本的超级链接。

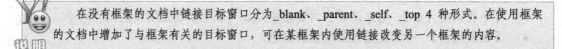

　　在没有框架的文档中链接目标窗口分为_blank、_parent、_self、_top 4 种形式。在使用框架的文档中增加了与框架有关的目标窗口，可在某框架内使用链接改变另一个框架的内容。

3. 在菜单栏中选择【文件】→【保存全部】命令再次保存文件。

【知识链接】

　　浮动框架是一种较为特殊的框架形式，可以包含在许多元素当中，如层、单元格等。创建浮动框架的方法是选择菜单栏中的【插入】→【标签】命令，打开【标签选择器】对话框，然后展开【HTML 标签】分类，在右侧列表中找到"iframe"，如图 7-20 所示，单击 插入① 按钮，打开【标签编辑器－iframe】对话框进行设置，如图 7-21 所示。浮动框架中包含的文档通过定制的浮动框架显示出来，可通过拖曳滚动条来滚动显示，虽然显示区域有所限制，但能灵活地显示位置及尺寸的优点，使浮动框架具有不可替代的作用。

图7-20　【标签选择器】对话框

图7-21　【标签编辑器－iframe】对话框

有些浏览器不支持框架技术，Dreamweaver 8 提供了处理这种情况的方法，即创建"无框架内容"，以使不支持框架的浏览器也可以显示无框架内容。创建无框架内容的方法是，在菜单栏中选择【修改】→【框架页】→【编辑无框架内容】命令，进入如图 7-22 所示的文档窗口，这时可以在其中输入一些内容，以便在浏览器不支持框架时显示这些内容。内容输入完毕后，在菜单栏中再次选择【修改】→【框架页】→【编辑无框架内容】命令，即可返回到普通视图继续对页面进行编辑。

图7-22　编辑无框架内容

83

项目实训　使用框架布局网页

本项目主要介绍了使用框架布局网页的基本方法，通过本实训将让读者进一步巩固所学的基本知识。

要求：将素材文件复制到站点根文件夹下，然后使用框架布局如图 7-23 所示的网页。

海水浴场

青岛第一海水浴场位于青岛市汇泉湾内。青岛的气候冬暖夏凉，尤其是夏天，最高气温超过30度的日子没有几天。青岛有亚洲最大的沙滩浴场--第一海水浴场，可同时容纳几万人游泳，1997年的最高纪录是一天有35万人次到这里游泳，青岛人管游泳叫洗海澡。第一海水浴场位于汇泉湾，又称汇泉海水浴场。1984年，青岛市对汇泉海水浴场进行了大规模改建。改建后，建筑面积由原来7000平方米扩展到20000平方米。新建造型各异，新颖别致、色彩斑斓的更衣室百余座，一时成为市民和游客瞩目的景观。沙滩面积由原来的1.18公顷扩大到2.4公顷。

海水浴场　　崂山风情　　八大关

图7-23　使用框架

【操作步骤】

1. 首先创建一个"下方固定"的框架网页，框架名称保持默认。
2. 将框架集文件单独保存为"shixun.htm"。
3. 在下方框架中打开文档"daoyou.htm"，在上方框架中打开文档"hsyc.htm"。
4. 下方框架的行高度设置为"60像素"，上方框架是否有滚动条设置为"自动"。
5. 将文本"海水浴场"、"崂山风情"、"八大关"的超级链接目标文件分别设置为"hsyc.htm"、"lsh.htm"、"bdg.htm"，目标窗口名称为上方框架的名称"mainFrame"。
6. 保存文件。

项目小结

本项目以论坛网页为例，介绍了创建和保存框架网页以及设置框架集和框架属性的基本方法。通过本项目的学习，读者能掌握创建框架页面的基本方法，了解在什么情况下使用框架以及根据不同的情况设置框架集和框架的属性。另外，还要掌握在框架中超级链接目标窗口的设置方法，针对不支持框架技术的浏览器编辑无框架内容网页的方法以及在网页中插入浮动框架的方法等。

思考与练习

一、填空题

1. 一个包含 4 个框架的框架集实际上存在_____个文件。

2. 按住_____键，在欲选择的框架内单击鼠标左键可将其选中。

3. 框架集是用_____标识，框架是用 frame 标识。

4. _____框架是一种较为特殊的框架形式，可以包含在许多元素当中，如层、单元格等。

5. 只有显示框架集的边框，才能设置边框的以下属性：宽度和_____。

二、选择题

1. 下面关于创建框架网页的描述错误的是（　　　　）。

　　A. 在【起始页】中选择【从范例创建】→【框架集】命令

　　B. 在当前网页中单击【插入】面板中的【框架】工具按钮

　　C. 在菜单栏中选择【查看】→【可视化助理】→【框架边框】命令显示当前网页的边框，然后手动设计

　　D. 在菜单栏中选择【文件】→【新建】→【基本页】命令

2. 将一个框架拆分为上下两个框架，并且使源框架的内容处于下方的框架，应该选择的命令是（　　　　）。

　　A.【修改】→【框架页】→【拆分上框架】

　　B.【修改】→【框架页】→【拆分下框架】

　　C.【修改】→【框架页】→【拆分左框架】

　　D.【修改】→【框架页】→【拆分右框架】

3. 下面关于框架的说法正确的有（　　　　）。

　　A. 可以对框架集设置边框宽度和边框颜色

　　B. 框架大小设置完毕后不能再调整大小

　　C. 可以设置框架集的边界宽度和边界高度

　　D. 框架集始终没有边框

4. 框架集所不能确定的框架属性是（　　　　）。

　　A. 框架的大小　　　B. 边框的宽度　　　C. 边框的颜色　　　D. 框架的个数

5. 框架所不能确定的框架属性是（　　　　）。

　　A. 滚动条　　　　B. 边界宽度　　　　C. 边框颜色　　　D. 框架大小

三、简答题

1. 如何删除不需要的框架？

2. 如何选取框架集？

四、操作题

根据操作提示创建如图 7-24 所示的框架网页。

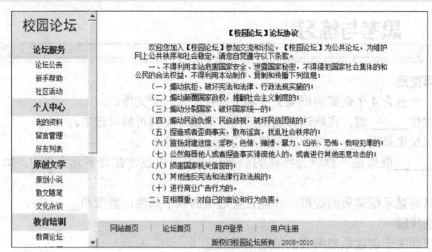

图7-24　框架网页

【操作提示】

（1）创建一个"左侧固定，下方嵌套"的框架网页，各部分的框架名称分别为"leftFrame"、"mainframe"和"bottomFrame"。

（2）保存整个框架集文件为"lianxi.htm"，保存底部框架为"bottom1.htm"，保存右侧框架为"main1.htm"，保存左侧框架为"left1.htm"。

（3）设置最外层框架集属性。设置左侧框架的宽度为"150 像素"，边框为"否"，边框宽度为"0"。设置右侧框架的宽度为"1"，单位为"相对"，边框为"否"，边框宽度为"0"。

（4）设置第 2 层框架集属性。设置右侧底部框架的高度为"45 像素"，边框为"否"，边框宽度为"0"。设置右侧顶部框架的宽度为"1"，单位为"相对"，边框为"否"，边框宽度为"0"。

（5）设置左侧框架源文件为"left.htm"，滚动条根据需要自动出现。

（6）设置右侧框架源文件为"main.htm"，滚动条根据需要自动出现。

（7）设置底部框架源文件为"bottom.htm"，无滚动条。

（8）保存全部文件。

CSS——设置环境保护网页

CSS 样式表技术是当前网页设计中非常流行的样式定义技术，主要用于控制网页中的元素或者区域的外观格式。使用 CSS 样式表可以将与外观样式有关的代码内容从网页文档中脱离出来，实现内容与样式的分离，从而使文档清晰简洁，便于日后修改。本项目以图 8-1 所示的环境保护网页为例，介绍使用 CSS 样式控制网页外观的基本方法。在本项目中，将按页眉、主体和页脚的顺序进行介绍。

图8-1 环境保护网页

学习目标

了解 CSS 样式的作用。
学会创建和设置 CSS 样式的方法。
学会附加样式表的方法。

【设计思路】

本项目设计的是环境保护网页，网页以绿色为基调，符合环保的特点。在网页制作过程中，网页顶部放置的是网站 Logo，标明了网站名称和环保标语，主体部分左侧是栏目导航，右侧是环保的相关内容。可以说，页面布局简洁，图文并茂，并注重色彩的选择和搭配，是值得学习的。

任务一 设置页眉 CSS 样式

CSS（Cascading Style Sheet）可译为"层叠样式表"或"级联样式表"，它简化了

HTML 中各种烦琐的标签，扩展了原先的标签功能，能够实现更多的效果。下面介绍使用 CSS 样式控制页眉外观的基本方法。

（一） 定义"body"的 CSS 样式

下面介绍使用 CSS 样式重新定义标签"body"的文本大小、对齐方式和边界的方法。

【操作步骤】

1. 首先定义一个本地静态站点，然后将素材文件复制到站点根文件夹下。
2. 在网站根文件夹下面新建一个网页文档并保存为"index.htm"。
3. 在菜单栏中选择【窗口】→【CSS 样式】命令（即使【CSS 样式】命令处于勾选状态），打开【CSS 样式】面板，如图 8-2 所示。

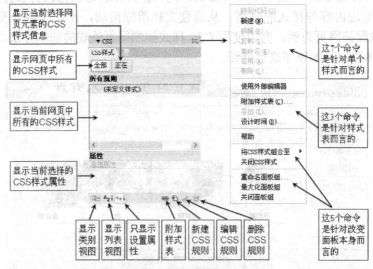

图8-2 【CSS 样式】面板

4. 在【CSS 样式】面板中单击面板底部的 按钮，在弹出的【新建 CSS 规则】对话框的【选择器类型】选项组中，选择【标签（重新定义特定标签的外观）】单选按钮，在【标签】下拉列表中选择【body】选项，在【定义在】选项组中选择【仅对该文档】单选按钮，如图 8-3 所示。

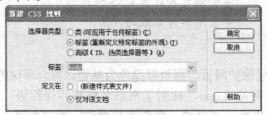

图8-3 【新建 CSS 规则】对话框

　选择【仅对该文档】单选按钮，会将新建的 CSS 规则写入到当前网页文件中，否则将新建的 CSS 规则保存到扩展名为".css"的样式表文件中。重定义标签类型的样式时要谨慎，因为这样做有可能会改变许多页面的布局，这就是在定义"body"属性时为什么选择【仅对该文档】的原因。

【知识链接】

在 Dreamweaver 8 中，根据选择器的不同类型，CSS 样式被划分为 3 大类。

- 【类（可应用于任何标签）】：由用户自定义的 CSS 样式，能够应用到网页中的任何标签上，需要用户手动进行设置。例如，应用到一个段落标签 "p" 上，那么一个 "class" 属性就会被添加到文本块标签上（如 "p class="myStyle""）。
- 【标签（重新定义特定标签的外观）】：对现有的 HTML 标签进行重新定义，当创建或改变该样式时，所有应用了该样式的格式都会自动更新。例如，当创建或修改 "h1" 标签（标题 1）的 CSS 样式时，所有用 "h1" 标签进行格式化的文本都将被立即更新。
- 【高级（ID、伪类选择器等）】：该样式是对某些标签组合（如 "td h2" 表示所有在单元格中出现了 "h2" 的标题）或者是含有特定 ID 属性的标签（如 "#myStyle" 表示所有属性值中有 "ID="myStyle"" 的标签）应用样式。样式设置好后，Dreamweaver 会自动应用该样式。而 "#myStyle1 a:visited,#myStyle2 a:link, #myStyle3…" 表示可以一次性定义相同属性的多个 CSS 样式。

5. 单击 确定 按钮，打开【body 的 CSS 规则定义】对话框，在【类型】分类中设置文本大小为 "12 像素"，如图 8-4 所示。

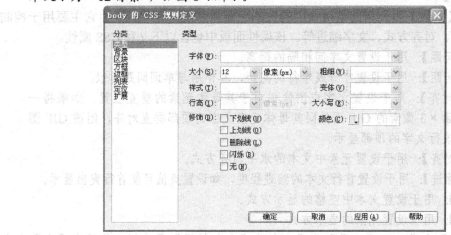

图8-4 【body 的 CSS 规则定义】对话框→【类型】分类对话框

【知识链接】

【类型】属性主要用于定义网页中文本的字体、大小、颜色、样式及文本链接的修饰线等，其中包含 9 种 CSS 属性，全部是针对网页中的文本的。

- 【字体】：用于设置样式中使用的文本字体。
- 【大小】：用于设置文本大小，可以在下拉列表中选择一个数值或者直接输入具体数值，有 9 种度量单位，常用单位是 "像素"。
- 【粗细】：用于设置文本字体的粗细效果。
- 【样式】：用于设置文本字体显示的样式，包括 "正常"、"斜体" 和 "偏斜体" 3 种样式。
- 【变体】：可以将正常文字缩小一半后大写显示。
- 【行高】：用于设置行的高度。

- 【大小写】：用于设置文本字母的大小写方式。
- 【修饰】：用于设置文本的修饰效果，包括"下划线"、"删除线"等。
- 【颜色】：用于设置文本的颜色。

6. 选择【区块】分类，在【文本对齐】下拉列表中选择【居中】选项，如图 8-5 所示。

图8-5 【body 的 CSS 规则定义】对话框→【区块】分类对话框

【知识链接】

　　CSS 中的【区块】属性指的是网页中的文本、图像和层等替代元素，它主要用于控制块中内容的间距、对齐方式、文字缩进等。该属性面板中包含以下 7 种 CSS 属性。

- 【单词间距】：用于设置文字间相隔的距离。
- 【字母间距】：用于设置字母或字符的间距，其作用与单词间距类似。
- 【垂直对齐】：用于设置文字或图像相对于其母体元素的垂直位置。如果将一个 2 像素×3 像素的 GIF 图像同其母体元素文字的顶部垂直对齐，则该 GIF 图像将在该行文字的顶部显示。
- 【文本对齐】：用于设置元素中文本的水平对齐方式。
- 【文字缩进】：用于设置首行文本的缩进程度，如设置负值可使首行突出显示。
- 【空格】：用于设置文本中空格的显示方式。
- 【显示】：用于设置元素的显示方式。

7. 选择【方框】分类，在【边界】选项中勾选【全部相同】复选框。然后在【上】文本框中输入"0"，如图 8-6 所示。

图8-6 【body 的 CSS 规则定义】对话框→【方框】分类对话框

【知识链接】

【方框】属性包含 6 种 CSS 属性。

- 【宽】：用于设置方框的宽度，可以使方框的宽度不依靠其所包含内容的多少。
- 【高】：用于设置方框的高度。
- 【浮动】：用于设置其他元素如何围绕该元素浮动。
- 【清除】：用于清除设置的浮动效果。
- 【填充】：用于设置元素的内容与边框之间的距离。
- 【边界】：用于设置元素的边框与另一个元素之间的距离。

图8-7 "body"属性设置

8. 单击 确定 按钮，完成 "body" 属性的 CSS 规则定义，如图 8-7 所示。

（二） 定义页眉的 CSS 样式

下面设置页眉的 CSS 样式。

【操作步骤】

1. 在网页中插入一个 1 行 2 列的表格，在【属性】面板中设置表格 ID 为 "TopTable"，表格的填充、间距和边框均为 "0"。
2. 在表格被选中的状态下，在【CSS 样式】面板中单击 按钮，弹出【新建 CSS 规则】对话框，参数设置如图 8-8 所示。
3. 单击 确定 按钮，进入【保存样式表文件为】对话框，在【文件名】文本框中输入 "css"，如图 8-9 所示。

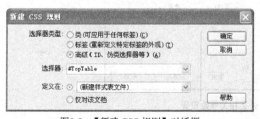

图8-8 【新建 CSS 规则】对话框

图8-9 【保存样式表文件为】对话框

在定义 "body" 的 CSS 规则时，将代码保存到了文档中，使其只对该文档起作用，以免影响其他文档。此处使用样式表文件，可以让多个网页引用定义好的规则。

4. 单击 保存(S) 按钮，进入【#TopTable 的 CSS 规则定义（在 css.css 中）】对话框，在【背景】分类中设置背景颜色为 "#B0DC9F"，如图 8-10 所示。

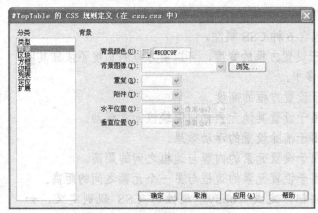

图8-10 【背景】分类相关参数设置

【知识链接】

【背景】分类属性的功能主要是在网页元素后面加入固定的背景颜色或图像。【背景】属性面板中包含以下 6 种 CSS 属性。

- 【背景颜色】：用于设置网页背景的颜色。
- 【背景图像】：用于设置网页背景图像。
- 【重复】：用于设置背景图像的平铺方式。
- 【附件】：用于控制背景图像是否会随页面的滚动而一起滚动。
- 【水平位置】→【垂直位置】：用于设置背景图像的水平或垂直位置。

5. 选择【方框】分类，设置方框宽度为"780 像素"，高度为"80 像素"，边界全部为"0"，如图 8-11 所示，然后单击 确定 按钮关闭对话框。

图8-11 【方框】分类相关参数设置

在【方框】分类中的【填充】和【边界】选项与表格【属性】面板中的【填充】和【间距】选项是两个不同的概念，要设置表格的【填充】和【间距】属性可以通过【属性】面板进行设置，不能通过【方框】分类中的【填充】和【边界】进行设置。

对表格应用【方框】中的【边界】属性只影响表格本身所在块元素周围的空格填充数量，与表格本身无关。

6. 在【CSS 样式】面板中单击 按钮，弹出【新建 CSS 规则】对话框，在【选择器类

型】选项组中选择【类（可应用于任何标签）】单选按钮，在【名称】文本框中输入
".TopTd1"，在【定义在】选项组中选择【css.css】单选按钮，如图 8-12 所示。

图8-12　创建类".TopTd1"

> 如果在当前网页中和链接的 CSS 文件中有重复的 CSS 样式，将以当前网页内部的 CSS 样式
> 设置为准。

7. 单击 确定 按钮，进入【.TopTd1 的 CSS 规则定义（在 css.css 中）】对话框，在【方
框】分类中设置宽度为 "250 像素"，如图 8-13 所示，然后单击 确定 按钮关闭对
话框。

图8-13　设置宽度

8. 选择表格的第 1 个单元格，在【属性】
面板的【样式】下拉列表中选择
"TopTd1"，如图 8-14 所示，将其样式应
用到第 1 个单元格上。

图8-14　应用样式

9. 使用同样的方法创建类 CSS 样式 ".TopTd2"，在【类型】分类中设置其字体为 "隶
书"，文本大小为 "36 像素"，行高为 "80 像素"，颜色为 "#000000"，在【背景】分
类中设置其背景图像为 "images/topbg.jpg"，在【区块】分类中设置文本对齐方式为
"居中"，然后将样式应用到第 2 个单元格上，如图 8-15 所示。

图8-15　应用样式后的效果

10. 在第 1 个单元格中插入图像 "images/logo.jpg"，在第 2 个单元格中输入文本 "保护环
境，人人有责"，如图 8-16 所示。

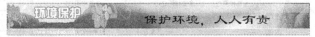

图8-16　添加页眉内容

【知识链接】
下面简单总结一下 3 种选择器各自的特点。

- 【类】CSS 样式：用来存放文档中标签的共同属性，网页元素使用该类 CSS 样
  式时，需要添加引用。
- 【标签】CSS 样式：用来改变或者扩展文档中某些特定的 HTML 标签的属性。
- 【高级】CSS 样式：是用来改变标签组合、命名 ID 标签属性最好的方式。

对话框中的【定义在】选项右侧是两个单选按钮，它们决定了所创建的 CSS 样式的保存方法。选择【仅对该文档】单选按钮，则将 CSS 样式保存在当前的文档中，包含在文档的头部标签"<head>…</head>"内。而如果选择【新建样式表文件】单选按钮，则将新建一个专门用来保存 CSS 样式的文件，它的文件扩展名为".css"。网页文档要使用样式表文件中的 CSS 样式时，将通过"附加样式表"命令，将 CSS 文件链接或者导入到文档中。

任务二 设置网页主体的 CSS 样式

下面设置网页主体部分的 CSS 样式。

（一） 设置左侧栏目 CSS 样式

首先设置左侧栏目的 CSS 样式。

【操作步骤】

1. 在页眉下面继续插入一个 1 行 2 列的表格，设置表格 ID 为 "MidTable"，填充、边框均为 "0"，间距为 "2"。

2. 在 "css.css" 中新建高级 CSS 样式 "#MidTable"，设置背景颜色为 "#B0DC9F"，方框宽度为 "780 像素"，高度为 "300 像素"，边界全部为 "0"。

3. 选择左侧单元格，在【属性】面板中设置其水平对齐方式为 "居中对齐"，垂直对齐方式为 "顶端"。

4. 在 "css.css" 中创建【类】CSS 样式 ".MidTd1"，在【背景】分类中设置背景颜色为 "#FFFFFF"，在【方框】分类中设置宽度为 "140 像素"，然后通过【属性】面板将该样式应用到左侧单元格。

5. 在左侧单元格中插入一个 6 行 1 列的表格，设置表格 ID 为 "MidTd1Table"，宽度为 "80%"，填充、边框均为 "0"，间距为 "5"。

6. 在 "css.css" 中创建【高级】CSS 样式 "#MidTd1Table td"，在【类型】分类中设置文本大小为 "16 像素"，行高为 "30 像素"，在【背景】分类中设置背景颜色为 "#CCCCCC"，在【区块】分类中设置对齐方式为 "居中"，在【边框】分类中设置右和下边框样式为 "实线"，宽度为 "2 像素"，颜色为 "#666666"，如图 8-17 所示。

图8-17 创建高级 CSS 样式 "#MidTd1Table td"

【知识链接】

网页元素边框的效果是在【边框】分类对话框中进行设置的，该属性对话框中共包括 3 种 CSS 属性。

- 【样式】：用于设置边框线的样式。
- 【宽度】：用于设置边框的宽度。
- 【颜色】：用于设置边框的颜色。

如果想使边框的 4 个边分别显示不同的样式、宽度和颜色，可以分别进行设置，这时要取消对【全部相同】复选框的勾选。

7. 在单元格中输入文本并添加空链接，文本依次为"绿色生活"、"生态旅游"、"自然生态"、"绿色提示"、"污染防治"和"环保产业"。

8. 在"css.css"中创建基于表格"MidTd1Table"的超级链接【高级】CSS 样式"#MidTd1Table a:link,#MidTd1Table a:visited"，如图 8-18 所示。在【类型】分类中设置文本粗细为"粗体"，颜色为"#009933"，修饰效果为"无"。

图8-18 创建【高级】CSS 样式"#MidTd1Table a:link,#MidTd1Table a:visited"

9. 在"css.css"中创建基于表格"MidTd1Table"的超级链接【高级】CSS 样式"#MidTd1Table a:hover"，在【类型】分类中设置文本颜色为"#FF0000"，修饰效果为"下画线"。设置超级链接 CSS 样式前后以及在浏览器中的显示效果如图 8-19 所示。

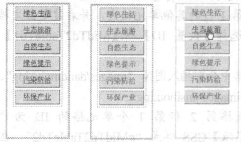

图8-19 设置超级链接 CSS 样式前后以及在浏览器中的显示效果

（二） 设置右侧栏目的 CSS 样式

下面设置右侧栏目的 CSS 样式。

【操作步骤】

1. 选择主体部分右侧的单元格，在【属性】面板中设置其水平对齐方式为"居中对齐"，垂直对齐方式为"顶端"。

2. 在"css.css"中创建【类】CSS 样式".MidTd2"，在【背景】分类中设置背景颜色为"#FFFFFF"，然后通过【属性】面板将该样式应用到右侧单元格。

3. 在右侧单元格中输入一段文本，并按 Enter 键将鼠标光标移到下一段，然后插入一个 2 行 4 列的表格，填充、边框为"0"，间距为"2"，如图 8-20 所示。

图8-20 右侧单元格中添加内容

4. 在 "css.css" 中创建【高级】CSS 样式 "#MidTable .MidTd2 p"，在【类型】分类中设置文本大小为 "14 像素"，行高为 "30 像素"，颜色为 "#006600"，在【区块】分类中设置文本对齐方式为 "左对齐"。

5. 将鼠标光标置于文本所在段，然后在【属性】面板中单击 按钮使文本缩进显示，如图 8-21 所示。

图8-21 文本样式效果

6. 将鼠标光标置于文本下面表格的第 1 行第 1 个单元格内，右键单击文档左下角的 "<td>" 标签，在弹出的快捷菜单中选择【快速标签编辑器】命令，打开快速标签编辑器，在其中添加 "id="MidTd2TableTd1""，如图 8-22 所示。

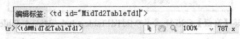

图8-22 快速标签编辑器

7. 在 "css.css" 中创建【高级】CSS 样式 "#MidTd2TableTd1"，在【方框】分类中设置宽度为 "150 像素"，高度为 "100 像素"。

8. 将鼠标光标分别置于第 1 行的其他单元格内，并右键单击文档左下角的 "<td>" 标签，在弹出的快捷菜单中选择【设置 ID】→【MidTd2TableTd1】命令，将样式应用到这些单元格上。

9. 在第 1 行的 4 个单元格中分别插入图像 "images/dandinghe.jpg"、"images/daxiongmao.jpg"、"images/hu.jpg" 和 "images/jinsihou.jpg"。

10. 用同样的方法设置表格第 2 行第 1 个单元格的 ID 为 "MidTd2TableTd2"，并在 "css.css" 中创建【高级】CSS 样式 "#MidTd2TableTd2"，在【类型】分类中设置文本大小为 "14 像素"，文本粗细为 "粗体"，行高为 "30 像素"，在【背景】分类中设置背景颜色为 "#FFFFCC"，在【区块】分类中设置文本对齐方式为 "居中"，最后将第 2 行的其他单元格的 ID 也设置为 "MidTd2TableTd2"。

11. 在第 2 行的 4 个单元格中依次输入文本，如图8-23 所示。

图8-23 右侧栏目内容

【知识链接】

CSS 规则定义对话框共包括 8 个分类，在上面的操作中已经学习了【类型】、【背景】、【区块】、【方框】和【边框】5 个分类的内容，下面简要介绍另外 3 个分类。

【列表】分类用于控制列表内的各项元素，包含以下 3 种 CSS 属性，如图 8-24 所示。

图8-24　【列表】分类对话框

- 【类型】：用于设置列表内每一项前使用的符号。
- 【项目符号图像】：用于将列表前面的符号换为图形。
- 【位置】：用于描述列表的位置。

【定位】分类可以使网页元素随处浮动，这对于一些固定元素（如表格）来说，是一种功能的扩展，而对于一些浮动元素（如层）来说，却是有效的、用于精确控制其位置的方法，如图 8-25 所示。

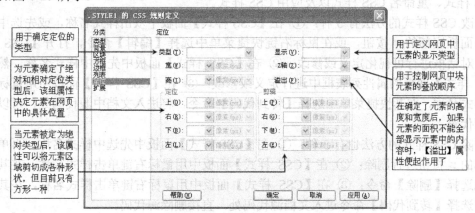

图8-25　【定位】分类对话框

【扩展】分类包含两部分：【分页】选项组的作用是为打印的页面设置分页符；【视觉效果】选项组的作用是为网页中的元素施加特殊效果，其中【光标】选项可以指定在某个元素上要使用的光标形状，【滤镜】选项可以为网页元素施加多种特殊的显示效果，如阴影、模糊、透明、光晕等，如图 8-26 所示。

图8-26　【扩展】分类对话框

任务三　设置页脚的 CSS 样式

下面设置页脚的 CSS 样式。

【操作步骤】

1. 在主体页面表格的下面，即页脚处插入一个 1 行 1 列的表格，表格 ID 为 "FootTable"，填充、间距和边框均为 "0"。

2. 在 "css.css" 中创建高级 CSS 样式 "#FootTable"，在【类型】分类中设置行高为 "40 像素"，在【背景】分类中设置背景颜色为 "#B0DC9F"，在【区块】分类中设置文本对齐方式为 "居中"，在【背景】分类中设置背景颜色为 "#B0DC9F"，在【方框】分类中设置方框宽度为 "780 像素"。

3. 输入相应的文本，如图 8-27 所示。

4. 保存文件。

版权所有　环境保护网　2008-2010

图8-27　页脚

【知识链接】

在创建 CSS 样式并对其进行设置后，如果不满意可对其进行修改或删除操作，还可复制 CSS 样式、重命名 CSS 样式以及应用 CSS 样式。

修改 CSS 样式的方法有 3 种：① 在【CSS 样式】面板中双击样式名称，或先选中样式再单击面板底部的 按钮，或在鼠标右键快捷菜单中选择【编辑】命令，打开【CSS 规则定义】对话框进行可视化定义或修改；② 在【CSS 样式】面板中先选中样式名称，然后在【CSS 样式】面板的属性列表框中进行定义或修改；③ 在【CSS 样式】面板中用鼠标右键单击样式名称，在其快捷菜单中选择【转到代码】命令，将进入文档中源代码处，可以直接修改源代码。

删除 CSS 样式的方法也有 3 种：① 在【CSS 样式】面板中先选中样式名称，再单击面板底部的 按钮进行删除；② 在【CSS 样式】面板中用鼠标右键单击样式名称，在其快捷菜单中选择【删除】命令；③ 在【CSS 样式】面板中用鼠标右键单击样式名称，在其快捷菜单中选择【转到代码】命令进入文档源代码处，直接删除源代码。

应用 CSS 样式包括自定义 CSS 样式的应用和链接外部 CSS 样式的应用两种方式。在 CSS 样式中的 HTML 标签样式和 CSS 选择器样式是自动应用的，只有自定义的【类】CSS 样式需要手动操作进行应用，应用方式包括通过【属性】面板的【样式】选项、【类】下拉列表或者在【CSS 样式】面板的右键快捷菜单中选择【套用】命令或者在网页元素的右键快捷菜单中选择【CSS 样式】中的样式名称。

附加样式表通常也有两种方法：① 在【CSS 样式】面板中单击面板底部的 按钮；② 在【CSS 样式】面板右键快捷菜单中选择【附加样式表】命令。

另外，还可以对样式进行重新命名。在【CSS 样式】面板中用鼠标右键单击样式名称，在其快捷菜单中选择【重命名】命令或直接在源代码中进行修改。

项目实训　使用 CSS 设置网页样式

本项目主要介绍了使用 CSS 样式控制网页外观的基本方法，通过本实训，读者可以进一步巩固所学的基本知识。

要求：将素材文件复制到站点根文件夹下，然后创建网页并使用 CSS 设置，如图 8-28 所示的网页样式。

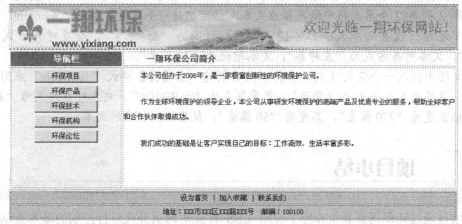

图8-28　设置网页样式

【操作步骤】

1. 重新定义标签"body"的属性：设置背景颜色为"#CCCCCC"，文本对齐方式为"居中"，边界全部为"0"。

2. 在文档中插入一个 1 行 1 列的表格，然后创建一个【类】样式".toptable"应用到该表格：设置文本字体为"黑体"，大小为"24 像素"，颜色为"#FF0000"，背景图像为"images/topbg.gif"，文本对齐方式为"右对齐"，方框宽度为"770 像素"，高度为"77 像素"，填充全部为"5 像素"，上下边框样式为"虚线"，宽度为"2 像素"，颜色为"#FF0000"，左右无边框，最后在表格中输入文本"欢迎光临一翔环保网站！"。

3. 插入一个 2 行 2 列的表格，然后创建一个【类】样式".maintable"应用到该表格：设置背景颜色为"#FFFFFF"，方框宽度为"770 像素"。

4. 将第 1 列第 1 个单元格的 ID 设置为"lefttd1"，然后创建【高级】CSS 样式"#lefttd1"：设置文本大小为"14 像素"，粗体显示，颜色为"#FFFFFF"，背景颜色为"#0033FF"，文本对齐方式为"居中"，方框宽度为"180 像素"，填充全部为"5 像素"，最后在单元格中输入文本"导航栏"。

5. 将第 1 列第 2 个单元格的 ID 设置为"lefttd2"，然后创建【高级】CSS 样式"#lefttd2"：设置背景图像为"images/bg.jpg"，文本对齐方式为"居中"，方框高度为"200 像素"。

6. 在第 1 列第 2 个单元格中依次输入相应文本，并按 Enter 键进行换行，同时添加空链接"#"，最后定义【高级】CSS 样式"#lefttd2 p"：设置文本大小为"12 像素"，背景颜色为"#CCCCCC"，文本对齐方式为"居中"，方框宽度为"100 像素"，填充全部为"3 像素"，边界全部为"5 像素"，右下边框样式为"凸出"，宽度为"2 像素"，颜色为"#666666"。

7. 创建基于单元格"lefttd2"的超级链接【高级】CSS 样式"#lefttd2 a:link,#lefttd2 a:visited"：设置文本颜色为"#000000"，无下画线。接着创建超级链接的悬停效果样式"#lefttd2 a:hover"：设置文本颜色为"#FF0000"，有下画线。

8. 在第 2 列第 1 个单元格中输入文本"一翔环保公司简介"，然后创建一个【类】样式

"".rtitle"" 应用到该单元格：设置文本大小为 "14 像素"，"粗体" 显示，颜色为 "#0000FF"，文本对齐方式为 "左对齐"，文本缩进为 "40 像素"。

9. 在第 2 列第 2 个单元格中输入相应文本，然后创建一个【类】样式 "".rcontent"" 应用到该单元格：设置文本大小为 "12 像素"，行高为 "25 像素"，垂直对齐方式为 "顶部"，文本对齐方式为 "左对齐"，文本缩进为 "30 像素"。

10. 在文档中插入一个 2 行 1 列的表格，然后创建一个【类】样式 "".foottable"" 应用到该表格：设置文本大小为 "12 像素"，背景颜色为 "#6BB2DC"，文本对齐方式为 "居中"，方框宽度为 "770 像素"，高度为 "50 像素"，最后输入相应的文本。

　## 项目小结　

　　本项目通过环保网页着重介绍了使用 CSS 样式对网页外观进行控制的基本方法，包括 CSS 样式的创建、设置、编辑、删除等内容。熟练掌握 CSS 样式的基本操作将会给网页制作带来极大的方便，是需要重点学习和掌握的内容之一。

　## 思考与练习　

一、填空题

1. ＿＿＿＿＿是 "Cascading Style Sheet" 的缩写，可译为 "层叠样式表" 或 "级联样式表"。

2. 在 Dreamweaver 8 中，根据选择器的不同类型，CSS 样式被划分为 3 大类，即 "＿＿＿＿＿"、"标签" 和 "高级"。

3. CSS 样式表文件的扩展名为 "＿＿＿＿＿"。

4. 设置活动超级链接的 CSS 选择器是＿＿＿＿＿。

5. 应用＿＿＿＿＿，网页元素将依照定义的样式显示，从而统一了整个网站的风格。

二、选择题

1. 在【新建 CSS 规则】对话框的【选择器类型】选项组中，选择【类（可应用于任何标签）】表示（　　　　）。

　　A. 用户自定义的 CSS 样式，可以应用到网页中的任何标签上

　　B. 对现有的 HTML 标签进行重新定义，当创建或改变该样式时，所有应用了该样式的格式都会自动更新

　　C. 对某些标签组合或者是含有特定 ID 属性的标签进行重新定义样式

　　D. 以上说法都不对

2. 在【新建 CSS 规则】对话框的【选择器类型】选项组中，选择【标签（重新定义特定标签的外观）】表示（　　　　）。

　　A. 用户自定义的 CSS 样式，可以应用到网页中的任何标签上

　　B. 对现有的 HTML 标签进行重新定义，当创建或改变该样式时，所有应用了该样式的格式都会自动更新

　　C. 对某些标签组合或者是含有特定 ID 属性的标签进行重新定义样式

D. 以上说法都不对

3. 在【新建 CSS 规则】对话框的【选择器类型】选项组中，选择【高级（ID、伪类选择器等）】表示（　　　）。

A. 用户自定义的 CSS 样式，可以应用到网页中的任何标签上

B. 对现有的 HTML 标签进行重新定义，当创建或改变该样式时，所有应用了该样式的格式都会自动更新

C. 对某些标签组合或者是含有特定 ID 属性的标签进行重新定义样式

D. 以上说法都不对

4. 下面属于【类】选择器的是（　　　）。

A. #TopTable　　　B. .Td1　　　C. P　　　D. #NavTable a:hover

5. 下面属于【标签】选择器的是（　　　）。

A. #TopTable　　　B. .Td1　　　C. P　　　D. #NavTable a:hover

三、简答题

1. 简述 3 种选择器各自的特点。

2. 应用 CSS 样式有哪几种方法？

四、操作题

根据操作提示设置网页 CSS 样式，如图 8-29 所示。

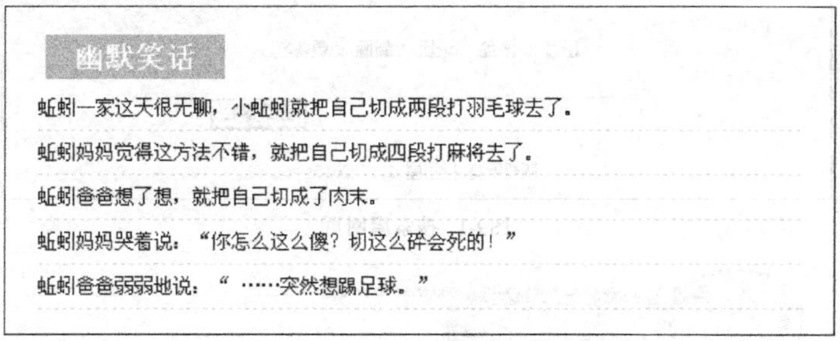

幽默笑话

蚯蚓一家这天很无聊，小蚯蚓就把自己切成两段打羽毛球去了。

蚯蚓妈妈觉得这方法不错，就把自己切成四段打麻将去了。

蚯蚓爸爸想了想，就把自己切成了肉末。

蚯蚓妈妈哭着说："你怎么这么傻？切这么碎会死的！"

蚯蚓爸爸弱弱地说："……突然想踢足球。"

图8-29　设置 CSS 样式

【操作提示】

（1）在文档中输入文本，标题使用"标题 2"格式，正文每行都按 Enter 键结束。

（2）针对该文档重新定义标签"h2"的属性：设置文本颜色为"#FFFFFF"，颜色背景颜色为"#999999"，文本对齐方式为"居中"，方框宽度为"120 像素"，填充和边界全部为"5 像素"。

（3）创建【类】样式".Pstyle"并应用到各个段落：设置文本大小为"14 像素"，行高为"30 像素"，方框宽度为"550 像素"，边界全部为"0"，下边框的样式为"点划线"，宽度为"1 像素"，颜色为"#CCCCCC"。

项目九

Div——布局搜索屋网页

层和 Div 标签这两个布局工具具有非常独特的功能，即可以显示、隐藏及自由浮动。由于层和 Div 标签使用的是同一个标签"<div>"，故本项目统称 Div 布局。本项目以搜索网页为例，介绍使用 Div 布局网页的基本方法，如图 9-1 所示。在项目中，将整个页面分为页眉、主体和页脚 3 个部分，分别使用层"TopLayer"、"MainLayer"和"FootLayer"进行布局，在层"MainLayer"中使用 Div 标签"NavDiv"、"InputDiv"和"MenuDiv"进行布局。

图9-1　搜索屋网页

学习目标

了解层和 Div 标签的异同。
学会插入层和 Div 标签的方法。
学会使用层面板和设置层属性的方法。
学会使用层和 Div 标签布局网页的方法。

【设计思路】

本项目设计的搜索屋网页，秉承了百度和谷歌主页界面的特点，简洁明了。在页面顶部有网站标识和名称，以及宣传语，再往下是搜索的内容分类，接着是搜索表单。在制作技术上，使用了层和 Div 标签，读者可以通过实际操作加以体会。

任务一　布局页眉

层是一种被定义了绝对位置的 HTML 标签，是一种能够随意定位的页面元素。可以这样理解，层就是层次的意思，就像盖楼一样，一层一层地往上盖。在网页制作中，可以使用层将许多对象进行重叠，从而使其产生层次感或其他特殊效果。下面介绍使用层布局搜索网页页眉的基本方法。

【操作步骤】

1. 首先定义一个本地静态站点，然后将素材文件
   复制到站点根文件夹下。

2. 在网站根文件夹下面新建一个网页文档并保存
   为"index.htm"。

3. 将鼠标光标置于文档窗口顶部，然后在菜单栏
   中选择【插入】→【布局对象】→【层】命令
   来创建一个层，如图9-2所示。

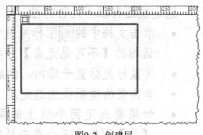

图9-2 创建层

【知识链接】

还可以通过以下途径来创建层。

- 将【插入】→【布局】面板上的 ▤（绘制层）按钮拖曳到文档窗口，松开鼠标
  后就在文档窗口中插入了一个层。

- 在【插入】→【布局】面板中单击 ▤（绘制层）按钮，在文档窗口中按住鼠标
  左键并拖曳可绘出一个自定义大小的层。如果按住 Ctrl 键不放，按住鼠标左键
  拖曳可在文档窗口中连续绘制多个层。

当向网页中插入层时，层属性是默认的，如层的大小和背景颜色等。如果希望按照自己的
定义插入层，可以在菜单栏中选择【编辑】→【首选参数】命令，打开【首选参数】对话框，
在【分类】列表框中选择【层】选项，根据需要对其中的参数进行设置即可，如图 9-3 所示。勾
选【如果在层中则使用嵌套】复选框，则指定从现有层边界内绘制的层是嵌套层。按住 Alt 键可
取消与勾选该复选框之间的转换。

4. 在菜单栏中选择【窗口】→【层】命令或者直接按F2键打开【层】面板，如图 9-4 所示。

图9-3 定义【层】选项的参数

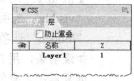

图9-4 【层】面板

【知识链接】

在【层】面板中可以实现以下操作。

- 双击层的名称，可以对层进行重命名。
- 单击层后面的数字可以修改层的 z 轴顺序，数字大的将位于上层。
- 勾选【防止重叠】复选框可以禁止层重叠。
- 在层的名称前面有一个"眼睛"图标，单击"眼睛"图标可显示或隐藏层。
- 单击层名称可以选定层，按住 Shift 键不放，依次单击层可以选中多个层。

5. 在【层】面板中单击层的名称"Layer1"来选定该层。

【知识链接】

选定层还有以下几种方法。

- 单击文档中的🔲图标来选定层。如果没有显示该图标，可以在【首选参数】对话框的【不可见元素】分类中勾选【层锚记】复选框。
- 将鼠标光标置于层内，然后在文档窗口底部标签条中选择"<div>"标签。
- 单击层的边框线来选定层。
- 如果要选定两个以上的层，只要按住 Shift 键，然后逐个单击层手柄或在【层】面板中逐个单击层的名称即可。

6. 接着在【属性】面板中设置层的大小、位置等参数，如图 9-5 所示。

图 9-5 层【属性】面板

【知识链接】

层【属性】面板的相关参数说明如下。

- 【层编号】：用来设置层的 ID。在为层创建【高级】CSS 样式或者使用"行为"来控制层时会用到层编号。
- 【左】、【上】：用来设置层的左边框和上边框距文档左边界和上边界的距离。
- 【宽】、【高】：用来设置层的宽度和高度。
- 【Z 轴】：用来设置在垂直平面的方向上层的顺序号。
- 【可见性】：用来设置层的可见性，包括"default"（默认）、"inherit"（继承父层的该属性）、"visible"（可见）和"hidden"（隐藏）4 个选项。
- 【背景图像】：用来为层设置背景图像。
- 【背景颜色】：用来为层设置背景颜色。
- 【类】：添加对所选 CSS 样式的引用。
- 【溢出】：用来设置层内容超过层大小时的显示方式，包括 4 个选项。"visible"选项按照层内容的尺寸向右、向下扩大层，以显示层内的全部内容。"hidden"选项只能显示层尺寸以内的内容。"scroll"选项不改变层大小，但增加滚动条，用户可以通过拖动滚动条来浏览整个层。该选项只在支持滚动条的浏览器中才有效，而且无论层是否足够大，都会显示滚动条。"auto"选项只在层不足够大时才出现滚动条，该选项也只在支持滚动条的浏览器中才有效。
- 【剪辑】：用来设置层的哪一部分是可见的。

7. 将光标置于层"Layer1"中，然后插入图像文件"images/logo.gif"，并单击【属性】面板上的🔳按钮使其居中显示，效果如图 9-6 所示。

图 9-6 插入图像文件

8. 在【层】面板中双击"Layer1"，重新输入层的名称"TopLayer"，或者在【属性】面板的【层编号】文本框中重新输入层的名称"TopLayer"。

> 在网页中插入层时，系统会自动依次为其命名为"Layer1"、"Layer2"等，为了便于区分各个层，建议对每个层进行重新命名。

至此，页眉部分就制作完了。

【知识链接】

层是可以嵌套的。在某个层内部创建的层称为嵌套层或子层，嵌套层外部的层称为父层。子层的大小和位置不受父层的限制，子层可以比父层大，位置也可以在父层之外，只是在移动父层时，子层会随着一起移动，同时父层的显示属性会影响子层的显示属性。

层具有很强的灵活性，可以随意移动到页面中的任何位置。移动层的方法有很多，可以使用鼠标进行拖曳，也可以先选中层然后按键盘上的方向键进行移动（每按1次方向键移动1个像素，如果按住 Shift 键，1 次移动 10 个像素），还可以在【属性】面板的【左】和【上】文本框中输入数值进行精确定位。

层可以根据实际需要调整其大小。调整层大小的方法也有很多，除了采用鼠标直接拖曳和在【属性】面板的【宽】和【高】文本框中输入精确数值外，还可以将所有选择的层的宽度和高度变为最后选择的层的宽度和高度。当选择多个层时，最后选择的层四周的控制点将以实心显示，其他的层四周的控制点将以空心显示。

如果需要对多个层进行对齐操作，直接用鼠标拖动层可能不太精确，通常需要使用对齐层的功能来实现。方法是：首先选择需要对齐的层，然后在菜单栏的【修改】→【排列顺序】中选择【左对齐】、【右对齐】、【对齐上缘】或【对齐下缘】命令，即可将所有选择的层以最后选择的层为标准进行对齐操作。

任务二 布局主体

下面介绍使用层和 Div 标签布局搜索网页主体内容的基本方法。

【操作步骤】

1. 单击【插入】→【布局】面板上的 按钮，在层"TopLayer"的下面绘制层"MainLayer"，其参数设置如图 9-7 所示。

图9-7 层"MainLayer"的参数设置

> 层"MainLayer"的上边界设置为"120px"，是因为层"TopLayer"的高度为"120px"且上边界为"0"，这样就使上下两个层连接到了一起。

2. 将鼠标光标置于层"MainLayer"内，然后在菜单栏中选择【插入】→【表单】→【表单】命令，插入一个表单，如图 9-8 所示。

图9-8 插入表单

下面在表单内开始使用 Div 标签进行布局。

3. 将鼠标光标置于表单内，然后在菜单栏中选择【插入】→【布局对象】→【Div 标签】命令，或在【插入】→【布局】面板中单击 ▣（插入 Div 标签）按钮打开【插入 Div 标签】对话框，在【插入】下拉列表中选择【在插入点】选项，在【ID】下拉列表中输入 "NavDiv"，如图 9-9 所示。

单击 新建 CSS 样式 按钮可以同时创建 Div 标签 "NavDiv" 的 CSS 样式，也可以单击 确定 按钮直接插入 Div 标签，以后再创建 CSS 样式。

4. 单击 新建 CSS 样式 按钮，打开【新建 CSS 规则】对话框，参数设置如图 9-10 所示。

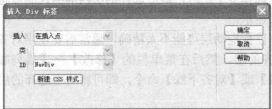
图9-9 插入 Div 标签 "NavDiv"

图9-10 创建 CSS 规则 "#NavDiv"

5. 单击 确定 按钮，打开【#NavDiv 的 CSS 规则定义】对话框，在【类型】分类中设置文本大小为 "14 像素"，行高为 "50 像素"；在【区块】分类中设置文本对齐方式为居中；【方框】分类参数设置如图 9-11 所示。

图9-11 设置宽度和边界

将【边界】选项中的左右边界设置为 "自动"，即可使 Div 标签居中显示。

6. 依次单击 [确定] 按钮，在表单中插入 Div 标签 "NavDiv"，如图 9-12 所示。

图9-12 插入 Div 标签 "NavDiv"

7. 删除其中的原有文本，然后重新输入文本并添加空链接，如图 9-13 所示。

图9-13 输入文本并添加空链接

8. 在【插入】→【布局】面板中单击 (插入 Div 标签) 按钮，打开【插入 Div 标签】对话框，在【插入】下拉列表中选择"在标签之后"选项和"<div id= "NavDiv" >"选项，在【ID】下拉列表中输入"InputDiv"，如图 9-14 所示。

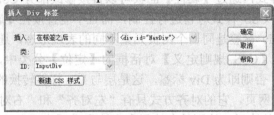

图9-14 插入 Div 标签 "InputDiv"

9. 单击 [新建 CSS 样式] 按钮，创建【高级】CSS 样式"#InputDiv"，在【#InputDiv 的 CSS 规则定义】对话框的【类型】分类中设置文本大小为"14 像素"，行高为"20 像素"；在【区块】分类中设置文本对齐方式为居中；在【方框】分类中设置宽度为"400 像素"，高度为"20 像素"，上边界为"10像素"，左右边界为"自动"。

10. 删除 Div 标签"InputDiv"中的原有文本，然后在菜单栏中选择【插入】→【表单】→【文本域】命令，插入一个文本框，然后在文本域【属性】面板的【文本域】文本框中设置 ID 名称为"InputContent"，如图 9-15 所示。

图9-15 设置文本域 ID 名称 "InputContent"

11. 创建【高级】CSS 样式 "#InputContent"，在【#InputContent 的 CSS 规则定义】对话框的【类型】分类中设置文本大小为 "14 像素"，行高为 "20 像素"；在【方框】分类中设置宽度为 "250 像素"，高度为 "20 像素"。

12. 在菜单栏中选择【插入】→【表单】→【按钮】命令，在文本框后面插入一个按钮，其属性设置如图 9-16 所示。

图9-16 按钮属性设置

至此，网页主体部分就制作完了，如图 9-17 所示。

图9-17 搜索网页主体部分

【知识链接】

在【插入】→【布局】面板中有两个按钮，一个是 （插入 Div 标签）按钮，另一个是 （绘制层）按钮。在源代码中，它们使用的是同一个标签——"<div>"。在绘制层时，层同时被赋予了 CSS 样式，通过【属性】面板可以直接修改部分 CSS 样式，而插入 Div 标签时，需要再单独创建 CSS 样式对它进行控制，而且不能直接在【属性】面板中修改 CSS 样式。实际上，层与 Div 标签是同一个网页元素不同的表现形态，通过 CSS 样式可使两者间相互转换。例如，在【CSS 规则定义】对话框的【定位】分类中，将【类型】选项设置为 "绝对"，即表示层，否则即为 Div 标签，这是层与 Div 标签转换的关键因素。

使用 Div 标签布局网页，它的对齐方式只有 "左对齐" 和 "右对齐"，如果要使 Div 标签居中显示，可以将它的边界，特别是左边界和右边界设置为 "自动" 即可。Div 标签【属性】面板比较简单，只有【Div ID】和【类】两个下拉菜单项和一个 编辑 CSS 按钮。使用 Div 标签布局网页必须和 CSS 相结合，它的大小、背景等内容需要通过 CSS 来控制。

任务三 布局页脚

下面介绍使用层布局搜索网页页脚的基本方法。

【操作步骤】

1. 单击【插入】→【布局】面板上的 按钮，在层 "MainLayer" 的下面绘制层 "FootLayer"，其属性参数设置如图 9-18 所示。

2. 在【CSS 样式】面板中双击 "#FootLayer"，打开【#FootLayer 的 CSS 规则定义】对话框，在【类型】分类中将文本大小设置为 "14 像素"，行高设置为 "35 像素"，在【区块】分类中将文本对齐方式设置为居中。

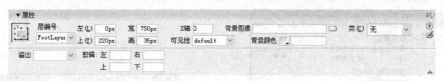

图9-18　层"FootLayer"的参数设置

3. 单击 确定 按钮，在层"FootLayer"中输入相应的文本，效果如图9-19所示。

图9-19　页脚

4. 保存文件。

至此，页脚部分制作完了。

【知识链接】

层通过绝对定位的方式可以重叠，层的重叠是有次序的，这个次序通常用z轴顺序来表示。其值可为正、可为负，也可以是"0"，数值最大的在最顶层。层的重叠为制作一些特殊效果提供了非常方便的途径。例如，层与时间轴相结合制作动画就是层典型应用的例子。改变层的z轴顺序的方法很简单，可以在【属性】面板中设置z轴值，也可以在【层】面板中直接修改z轴值，还可以用鼠标指针指向需要改变序号的层，并按下鼠标左键向上或向下进行拖曳，当拖曳到希望插入的两层之间时会出现一条横线，释放鼠标左键，各个层的z轴顺序会做相应的改变。

层除了重叠外，还可以嵌套。但嵌套和重叠是不一样的。嵌套的子层与父层是有一定关系的，而重叠的层除视觉上会有一些联系外，没有其他关系。创建嵌套层首先必须有一个父层，然后将鼠标光标置于层当中，再插入一个层就是嵌套层。也可以按住 Ctrl 键，在【层】面板中将某一层拖曳到另一层上面，形成嵌套层。在【层】面板中可以看到，嵌套层是呈树状结构表示的，而且子层与父层的 z 轴顺序是一样的。层嵌套时并不意味着子层必须在父层里面，它不受父层的限制。当子层发生位移时，父层并不发生任何变化，但是当父层发生位移时，子层却会随着父层也发生位移，并且位移量都一样，也就是说两者的相对位置不发生变化。

由于低版本的浏览器不能正常地显示层，因此有时需要将层与表格之间进行转换。在菜单栏中选择【修改】→【转换】→【层到表格】命令，可以将层转换为表格，如果选择【修改】→【转换】→【表格到层】命令，也可以将现有表格转换为层，如图9-20和图9-21所示。

Div 标签是相对定位的，因此，Div 标签只能嵌套。在目前网页布局中，CSS+Div 标签模式已被广泛应用，表格布局模式已逐渐被淘汰。由于 Dreamweaver 8 属于 Dreamweaver 比较早的版本，使用 CSS+Div 标签进行网页布局可能还会或多或少存在着不完美的地方，但在 Dreamweaver 的后续版本中，特别是目前的 Dreamweaver 5 和 Dreamweaver 5.5 中，CSS 功能进一步增强，使用 CSS+Div 标签进行网页布局已可以达到非常完美的程度。

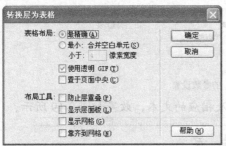

图9-20　转换层为表格

图9-21　转换表格为层

项目实训　使用 Div 布局网页

本项目主要介绍了使用层和 Div 标签布局网页的基本方法，通过本实训将让读者进一步巩固所学的基础知识。

要求：将"素材文件复制到站点根文件夹下，然后创建网页并使用层和 Div 标签对如图 9-22 所示的网页进行布局。

图9-22　神搜网页

【操作步骤】

首先设置页眉部分。

1. 创建层 "TopLayer" 来布局页眉外部框架，其【属性】面板相关参数设置为：【左】和【上】均为 "5 像素"，【宽】和【高】分别为 "750 像素" 和 "60 像素"。在其 CSS 样式 "#TopLayer" 中，设置边框样式为 "实线"，宽度为 "1 像素"，颜色为 "#3C88A8"。

2. 在层 "TopLayer" 内插入 Div 标签 "TopLeftDiv"，在其 CSS 样式 "#TopLeftDiv" 中，设置宽度为 "200 像素"，高度为 "52 像素"，浮动为 "左对齐"，上边界、下边界和左边界均为 "4 像素"。然后在其中插入图像文件 "images/logo.jpg"。

3. 在 Div 标签 "TopLeftDiv" 之后继续插入 Div 标签 "TopMidDiv"，在其 CSS 样式 "#TopMidDiv" 中，设置文本对齐方式为居中，宽度为 "400 像素"，高度为 "30 像素"，浮动为 "左对齐"，上边界为 "26 像素"，左边界和右边界均为 "20 像素"。然后通过【插入】→【表单】中相应的命令，在 Div 标签 "TopMidDiv" 中插入表单及其相应的文本域和按钮。

接着设置主体部分。

4. 创建层"MainLayer"来布局主体外部框架，其【属性】面板相关参数设置为：【左】和【上】分别为"5 像素"和"72 像素"，【宽】和【高】分别为"750 像素"和"250 像素"。在其 CSS 样式"#TopLayer"中，设置右、下、左边框样式为"实线"，宽度为"1 像素"，颜色为"#3C88A8"。

5. 在层"MainLayer"内插入 Div 标签"MainDiv1"，同时创建【类】CSS 样式".MainDiv"，设置背景图像为"images/titlebg.jpg"，重复方式为"横向重复"，水平位置为"左对齐"，垂直位置为"顶部"，方框宽度为"100%"，高度为"120 像素"。

6. 在 Div 标签"MainDiv1"内插入 Div 标签"MainDiv1-1"，同时创建【类】CSS 样式".MainDivTitle"，设置文本大小为"14 像素"，粗体显示，行高为"28 像素"，颜色为"#FF0000"，背景图像为"images/earth.gif"，不重复，水平位置为"左对齐"，垂直位置为"居中"，文字缩进为"15 像素"，方框宽度为"100 像素"，高度为"28 像素"。然后输入"天下奇闻"。

7. 在 Div 标签"MainDiv1-1"之后继续插入 Div 标签"MainDiv1-2"，同时创建【类】CSS 样式".MainDivContent"，设置文本大小为"12 像素"，方框宽度为"90%"，高度为"80 像素"，上边界为"5 像素"，左右边界为"自动"。

8. 重新定义 HTML 标签"P"的外观样式，设置其文本缩进"10 像素"，上下边界均为"10 像素"，下边框样式为"点划线"，宽度为"1 像素"，颜色为"#CCCCCC"。然后在 Div 标签"MainDiv1-2"内输入文本并按 Enter 键换行。

9. 在 Div 标签"MainDiv1"之后继续插入 Div 标签"MainDiv2"，并应用 CSS 样式".MainDiv"。

10. 在 Div 标签"MainDiv2"内插入 Div 标签"MainDiv2-1"，并应用 CSS 样式".MainDivTitle"，然后输入文本"自由社区"。

11. 在 Div 标签"MainDiv2-1"之后继续插入 Div 标签"MainDiv2-2"，并应用 CSS 样式".MainDivContent"，然后在 Div 标签"MainDiv2-2"内输入文本并按 Enter 键换行。最后设置页脚部分。

12. 创建层"FootLayer"用来布局页脚内容，其【属性】面板相关参数为：【左】和【上】分别为"5 像素"和"330 像素"，【宽】和【高】分别为"750 像素"和"30 像素"。在其 CSS 样式"#FootLayer"中，设置文本大小为"12 像素"，行高为"30 像素"，文本对齐方式为"居中"。

13. 输入相应的文本。

  项目小结

本项目通过搜索网页的制作过程，介绍了使用层和 Div 标签进行网页布局的基本方法。熟练掌握层和 Div 标签的基本操作将会给网页制作带来极大的方便，是需要重点学习的内容之一，希望读者能够在具体实践中认真领会并加以掌握。

在这里特别需要说明的是，在实际网页设计和制作中，很少使用层进行页面布局，而使用 CSS+Div 标签是网页布局的方向，目前大多数网站使用的都是这种方法。本项目之所以介绍使用层进行页面布局，主要是基于介绍知识的需要，读者可以试着将使用层进行页面布局的部分改成使用 CSS+Div 标签进行布局，看看会有什么效果。在后续项目中，将介绍使用层与时间轴相结合制作动画的方法，这也是层的一个主要功能。

 思考与练习

一、填空题

1. 层的_____属性可以使多个层发生堆叠，也就是多重叠加的效果。

2. 在【层】面板中，按住_____键不放，单击想选择的层可以将多个层选中。

3. 在【CSS 规则定义】对话框的【定位】分类中，将【类型】选项设置为"_____"，即表示层，否则即为 Div 标签，这是层与 Div 标签转换的关键因素。

4. 可以按住_____键，在【层】面板中将某一层拖曳到另一层上面，形成嵌套层。

二、选择题

1. 下面关于创建层的说法错误的有（　　）。

　　A. 选择菜单栏中的【插入】→【布局对象】→【层】命令

　　B. 将【插入】→【布局】面板上的▤（绘制层）按钮拖曳到文档窗口

　　C. 在【插入】→【布局】面板中单击▤（绘制层）按钮，然后在文档窗口中按住鼠标左键并拖曳

　　D. 在【插入】→【布局】面板中单击▤按钮，然后按住 Shift 键不放，按住鼠标左键并拖曳

2. 关于【层】面板的说法错误的有（　　）。

　　A. 双击层的名称，可以对层进行重命名

　　B. 单击层后面的数字可以修改层的 z 轴顺序

　　C. 勾选【防止重叠】复选框可以禁止层重叠

　　D. 在层的名称前面有一个"眼睛"图标，单击"眼睛"图标可锁定层

3. 关于选定层的说法错误的有（　　）。

　　A. 单击文档中的▣图标来选定层

　　B. 将鼠标光标置于层内，然后在文档窗口底边标签条中选择"<div>"标签

　　C. 单击层的边框线

　　D. 如果要选定两个以上的层，只要按住 Alt 键，然后逐个单击层手柄或在【层】面板中逐个单击层的名称即可

4. 关于移动层的说法错误的有（　　　）。

　　A. 可以使用鼠标进行拖曳

　　B. 可以先选中层然后按键盘上的方向键进行移动

　　C. 可以在【属性】面板的【左】和【上】文本框中输入数值进行定位

　　D. 可以在【属性】面板的【宽】和【高】文本框中输入数值进行定位

5. 依次选中层"Layer1"、"Layer4"、"Layer3"和"Layer2"，然后在菜单栏中选择【修改】→【排列顺序】→【左对齐】命令，请问所有选择的层将以"（　　　）"为标准进行对齐。

　　A. Layer1　　　B. Layer2　　　C. Layer3　　　D. Layer4

6. 一个层被隐藏了，如果需要显示其子层，需要将子层的可见性设置为（　　　）。

A. default   B. inherit   C. visible   D. hidden

7. 使用 Div 标签布局网页，它的对齐方式只有"左对齐"和"右对齐"，如果要使 Div 标签居中显示，可以将它的边界，特别是左边界和右边界设置为"（   ）"即可。

A. 自动   B. 固定   C. 相对   D. 动态

三、简答题

1. 层的嵌套与表格的嵌套有什么不同？

2. 层与 Div 标签有什么异同？它们如何相互转换？

四、操作题

根据操作提示使用 Div 标签布局如图 9-23 所示的网页。

图9-23 使用 Div 标签布局网页

【操作提示】

（1）重新定义标签"body"的 CSS 样式，使文本居中对齐。

（2）设置页眉部分。插入 Div 标签"TopDiv"，并定义其 CSS 样式为：文本大小为"24 像素"，粗体显示，行高为"50 像素"，背景颜色为"#CCCCCC"，文本对齐方式为"居中"，方框宽度为"750 像素"，高度为"50 像素"。

（3）设置主体部分。在 Div 标签"TopDiv"之后插入 Div 标签"MainDiv"，并定义其 CSS 样式为：背景颜色为"#CCCCCC"，方框宽度为"750 像素"，高度为"250 像素"，上边界为"10 像素"。

（4）设置主体左侧部分。在 Div 标签"MainDiv"内插入 Div 标签"LeftDiv"，并定义其 CSS 样式为：文本大小为"12 像素"，背景颜色为"#FFFFCC"，文本对齐方式为"居中"，方框宽度为"150 像素"，高度为"240 像素"，浮动为"左对齐"，上边界和左边界均为"5 像素"。

（5）设置主体右侧部分。在 Div 标签"LeftDiv"之后插入 Div 标签"RightDiv"，并定义其 CSS 样式：文本大小为"14 像素"，背景颜色为"#FFFFFF"，文本对齐方式为"左对齐"，方框宽度为"575 像素"，高度为"230 像素"，浮动为"右对齐"，填充均为"5 像素"，上边界和右边界均为"5 像素"。

（6）设置页脚部分。在 Div 标签"MainDiv"之后插入 Div 标签"FootDiv"，并定义其 CSS 样式：文本大小为"14 像素"，行高为"30 像素"，背景颜色为"#CCCCCC"，方框宽度为"750 像素"，高度为"30 像素"，上边界为"10 像素"。

时间轴——制作空中飞行网页

时间轴是 Dreamweaver 8 的一项重要功能，它与层相结合可以实现动画的效果。本项目以图 10-1 所示空中飞行网页为例，介绍使用层和时间轴制作动画的基本方法。

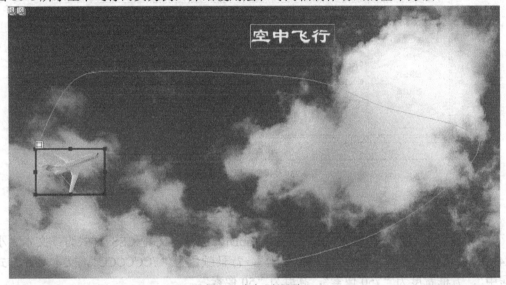

图10-1　空中飞行网页

学习目标

掌握时间轴面板的组成及其作用。
学会在时间轴中编辑关键帧的方法。
学会手动创建时间轴动画的基本方法。
学会通过录制层路径创建时间轴动画的方法。

【设计思路】

本项目设计的是空中飞行网页，页面形象逼真，生动展现了空中飞行的特点。在网页制作过程中，通过层和时间轴这两项功能的结合，使空中的飞机沿着事先设计好的路线飞行。首先需要添加一个层，在其中插入飞机向右飞行的图像，然后将层添加到时间轴，接着将层中的图像添加到时间轴，在最右侧某处添加一个关键帧，并修改为飞机向左飞行的图像，在最后一个关键帧处，即飞机起飞的地方，再修改为飞机向右飞行的图像。

任务一 使用层制作背景

下面首先使用层布局页面中的背景、标题等内容。

【操作步骤】

1. 定义一个本地静态站点，然后将素材文件复制到站点根文件夹下。

2. 在网站根文件夹下面新建一个网页文档并保存为"index.htm"。

3. 在菜单栏中选择【插入】→【布局对象】→【层】命令，在文档中插入一个层，如图 10-2 所示。

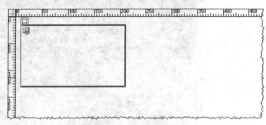

图10-2 插入背景层

4. 在层【属性】面板中，将层编号修改为"SkyLayer"，设置左边距和上边距均为"0px"，宽度为"1024px"，高度为"768px"，背景图像为"images/sky.jpg"，如图 10-3 所示。

图10-3 设置层的属性参数

5. 将鼠标光标置于层"SkyLayer"中，然后在菜单栏中选择【插入】→【布局对象】→【层】命令，在文档中插入一个嵌套层"TitleLayer"，属性设置如图 10-4 所示。

图10-4 插入标题层

6. 在【CSS 样式】面板中，双击样式名称"TitleLayer"，打开【#TitleLayer 的 CSS 规则定义】对话框，设置字体为"隶书"，大小为"36 像素"，颜色为"#FFFFFF"，如图 10-5 所示。

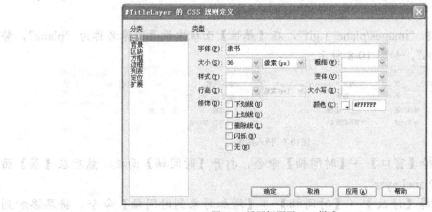

图10-5 设置标题层 CSS 样式

7. 在层中输入文本"空中飞行"，如图 10-6 所示。

至此，页面中的天空背景图和标题已经设置完毕。

图10-6　输入标题文本

任务二　使用时间轴制作运动效果

时间轴可以通过改变层的位置、大小、可见性和重叠次序来创建动画，也可以改变图像的源文件，因此可以用它创建图片幻灯效果。虽然时间轴不能直接改变图像的位置、大小和可见性，但可以将图像添加到层中，然后通过改变层的位置、大小、可见性来达到动画的效果。下面介绍使用时间轴制作飞机飞行动画的方法。

【操作步骤】

1. 将鼠标光标置于层 "SkyLayer" 中，然后在菜单栏中选择【插入】→【布局对象】→【层】命令，在层中插入一个嵌套层 "PlaneLayer"，其属性设置如图 10-7 所示。

图10-7　插入嵌套层 "PlaneLayer"

2. 在层中插入图像 "images/plane_1.gif"，在【属性】面板中设置图像名称为 "plane"，替换文本为 "飞机"，如图 10-8 所示。

图10-8　插入图像

3. 在菜单栏中选择【窗口】→【时间轴】命令，打开【时间轴】面板，然后在【层】面板中选定层 "PlaneLayer"。

4. 在菜单栏中选择【修改】→【时间轴】→【增加对象到时间轴】命令，将层添加到【时间轴】面板，也可以将层直接拖曳到【时间轴】面板。【时间轴】面板如图 10-9 所示。

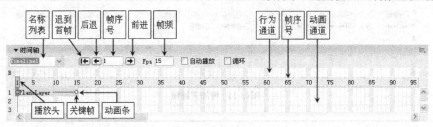

图10-9 【时间轴】面板

【知识链接】

此时，一个动画条出现在【时间轴】面板的第 1 个通道中，层的名字也出现在动画条中。【时间轴】面板的相关参数说明如下。

- 【名称列表】：设置当前显示在【时间轴】面板中的是文档的哪一条时间轴。
- 【退到首帧】：移动播放头到时间轴的第 1 帧。
- 【后退】：向左移动播放头 1 帧。单击 ← 按钮并按住鼠标左键可以回放时间轴。
- 【帧序号】：表示帧的序列号， ← 按钮与 → 按钮间的数字是当前帧的序列号。
- 【前进】：向右移动播放头 1 帧。单击 → 按钮并按住鼠标左键可以连续播放时间轴。
- 【帧频】：设置每秒播放的帧数，默认设置是每秒播放 15 帧。
- 【自动播放】：设置在浏览器载入当前页面后是否自动播放动画。
- 【循环】：设置在浏览器载入当前页面后是否无限循环播放动画。
- 【播放头】：显示当前在页面上的是时间轴的哪一帧。
- 【关键帧】：在动画条中被指定对象属性的帧，用小圆圈表示。
- 【动画条】：显示每个对象的动画持续时间。一行可包含多个代表不同对象的动画条，不同的动画条不能控制同一帧中同一对象。
- 【动画通道】：用于显示动画条。
- 【行为通道】：在时间轴上某一帧执行 Dreamweaver 行为的通道。

5. 在【时间轴】面板中拖动最后一个关键帧到第 60 帧处，以延长整个动画的播放时间，如图 10-10 所示。

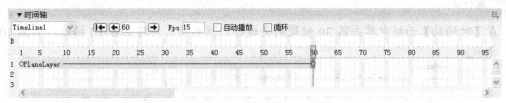

图10-10 延长整个动画的播放时间

在时间轴上，往右拖动是延长播放时间，往左拖动是缩短播放时间。

6. 将播放头移到第 20 帧处，然后在菜单栏中选择【修改】→【时间轴】→【增加关键帧】命令，或者单击鼠标右键，在快捷菜单中选择【增加关键帧】命令，增加一个关键帧。

7. 用同样的方法在第 40 帧处也增加一个关键帧，如图 10-11 所示。

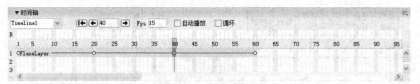

图10-11　增加关键帧

在【时间轴】面板中如果要删除关键帧，可用鼠标右键单击该关键帧，然后在弹出的快捷菜单中选择【移除关键帧】命令。

8. 在【时间轴】面板中拖动最后一个关键帧到第 90 帧处，再次延长整个动画的播放时间，如图 10-12 所示。

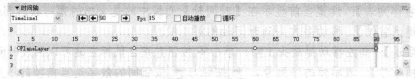

图10-12　延长动画播放时间

在拖动过程中，动画条里的所有关键帧都将按比例发生位移。

9. 按住 Ctrl 键，在【时间轴】面板中拖动最后一个关键帧到第 120 帧处，再延长整个动画的播放时间，如图 10-13 所示。

图10-13　再次延长动画播放时间

如果不想让各关键帧随着总长度的变化而变化，只要在拖动最后一个关键帧时按住 Ctrl 键就行了。

10. 在【时间轴】面板中单击第 30 帧处的关键帧，然后将其左移至第 10 帧处，如图 10-14 所示。

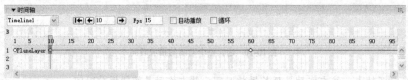

图10-14　移动关键帧

在【时间轴】面板中如果改变关键帧的发生时间，可以单击关键帧并将其右移或者左移，其他关键帧并不发生改变。

　　如果要移动整个动画路径在页面中的位置，在【时间轴】面板中首先应该选择整个动画条，然后在页面上拖动对象。Dreamweaver 可以调整所有关键帧的位置，对整个选中的动画条所做的任何类型的改变都将改变所有的关键帧。

11. 确认播放头位于第 10 帧的关键帧处，然后在【属性】面板中设置左边和上边的边距值分别为 "120px" 和 "130px"，如图 10-15 所示。

图10-15 设置层 "PlaneLayer" 在第 10 帧关键帧处的位置

12. 在第 20 帧处增加一个关键帧，然后在【属性】面板中设置左边和上边的边距值分别为 "250px" 和 "115px"，如图 10-16 所示。

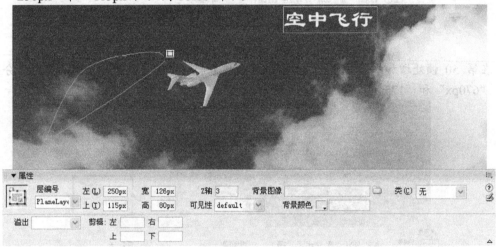

图10-16 设置层 "PlaneLayer" 在第 20 帧关键帧处的位置

13. 在第 30 帧处增加一个关键帧，然后在【属性】面板中设置左边和上边的边距值分别为 "435px" 和 "120px"，如图 10-17 所示。

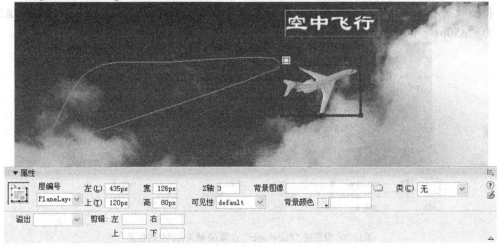

图10-17 设置层 "PlaneLayer" 在第 30 帧关键帧处的位置

14. 在第 40 帧处增加一个关键帧，然后在【属性】面板中设置左边和上边的边距值分别为 "565px" 和 "135px"，如图 10-18 所示。

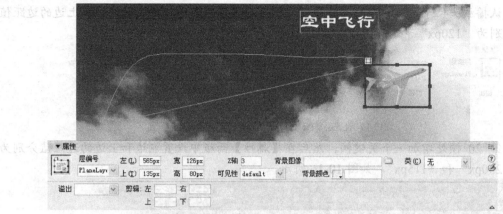

图10-18 设置层"PlaneLayer"在第 40 帧关键帧处的位置

15. 在第 50 帧处增加一个关键帧，然后在【属性】面板中设置左边和上边的边距值分别为 "670px" 和 "175px"，如图 10-19 所示。

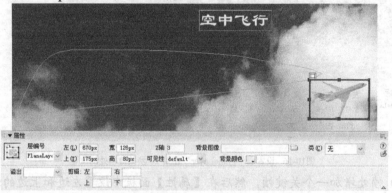

图10-19 设置层"PlaneLayer"在第 50 帧关键帧处的位置

16. 将播放头移至第 60 帧关键帧处，然后在【属性】面板中设置左边和上边的边距值分别为 "850px" 和 "240px"，如图 10-20 所示。

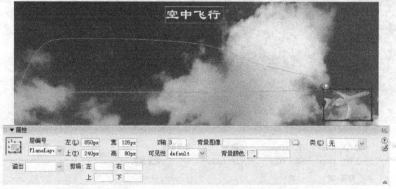

图10-20 设置层"PlaneLayer"在第 60 帧关键帧处的位置

17. 仍然将播放头置于第 60 帧关键帧处，然后选择层"PlaneLayer"中的图像"images/plane_1.gif"，并在菜单栏中选择【修改】→【时间轴】→【增加对象到时间轴】命令，将图像添加到【时间轴】面板，如图 10-21 所示。

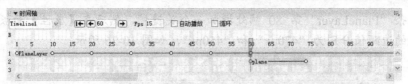

图10-21　将图像对象添加到时间轴

在图像动画条中显示的名称是在【属性】面板中为图像设置的名称"plane"，如果没有对图像进行名称设置，动画条的名称将默认显示为"image1"、"image2"等。

18. 选中刚添加的动画条，并向左拖动到时间轴的起始处，如图 10-22 所示。

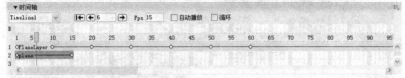

图10-22　拖动动画条

19. 在时间轴中拖动动画条"plane"右侧的关键帧到 120 帧处，然后在第 60 帧处增加一个关键帧，如图 10-23 所示。

图10-23　增加关键帧

20. 确认动画条"plane"第 60 帧处的关键帧仍然处于被选中状态，然后在【属性】面板中将图像的源文件修改为"images/plane_2.gif"，此时页面中的图像由飞机向右飞变为向左飞，如图 10-24 所示。

图10-24　修改图像源文件

21. 在动画条"PlaneLayer"第 70 帧处增加一个关键帧，然后在【属性】面板中，设置左边和上边的边距值分别为"700px"和"380px"，如图 10-25 所示。

图10-25　设置层"PlaneLayer"在第 70 帧关键帧处的位置

22. 在动画条"PlaneLayer"第 80 帧处增加一个关键帧，然后在【属性】面板中设置左边和上边的边距值分别为"470px"和"450px"，如图 10-26 所示。

图10-26　设置层"PlaneLayer"在第 80 帧关键帧处的位置

23. 在动画条"PlaneLayer"第 90 帧处增加一个关键帧，然后在【属性】面板中设置左边和上边的边距值分别为"300px"和"430px"，如图 10-27 所示。

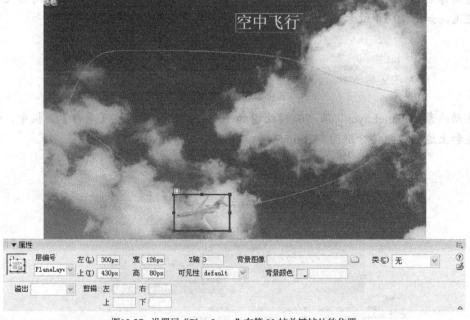

图10-27　设置层"PlaneLayer"在第 90 帧关键帧处的位置

24. 在动画条"PlaneLayer"第 100 帧处增加一个关键帧，然后在【属性】面板中设置左边和上边的边距值分别为"150px"和"350px"，如图 10-28 所示。

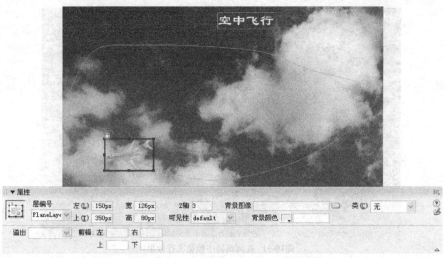

图10-28 设置层"PlaneLayer"在第100帧关键帧处的位置

25. 在动画条"PlaneLayer"第110帧处增加一个关键帧,然后在【属性】面板中设置左边和上边的边距值分别为"100px"和"300px",如图10-29所示。

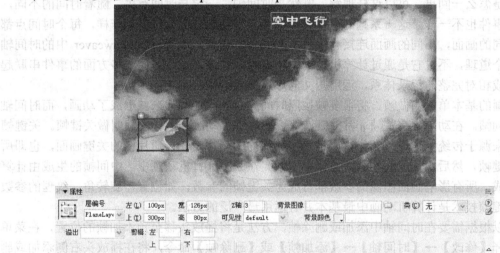

图10-29 设置层"PlaneLayer"在第110帧关键帧处的位置

26. 选中动画条"plane"第120帧处的关键帧,然后在【属性】面板中将图像的源文件修改为"images/plane_1.gif",此时页面中的图像由飞机向左飞变为飞机向右飞。

27. 在【时间轴】面板中勾选【自动播放】和【循环】两个复选框,这样可使时间轴动画在页面打开时能够自动循环播放,如图10-30所示。

图10-30 勾选【自动播放】和【循环】两个复选框

28. 保存文档,同时在浏览器中预览其效果,如图10-31所示。

图10-31　在浏览器中预览飞行效果

【知识链接】

　　要想制作好时间轴动画，就必须真正理解时间轴的概念。第一次接触这个概念，可能不知道它是怎么一回事。可以这样理解，既然是时间轴，一定与时间有关，随着时间的不同，发生的事件也不一样，这一系列的事件就形成了一个动画。就像看电影一样，每个时间点都会有不同的画面，不同的画面连接起来就形成了具有动感的电影。Dreamweaver 中的时间轴也是一个道理，不过它是通过计算机技术，依据时间顺序，把一方面或多方面的事件串联起来，形成相对完整的记录体系，运用图文的形式呈现给用户。

　　动画的基本单位叫做帧，将很多帧按照时间先后顺序连接起来就形成了动画，而时间轴用来排列帧。在动画中有些帧非常关键，可以影响整个动画，这样的帧叫做关键帧。关键帧的概念来源于传统的卡通片制作。在早期，熟练的动画师设计卡通片中的关键画面，也即所谓的关键帧，然后由一般的动画师设计中间帧。在三维计算机动画中，中间帧的生成由计算机来完成。所有影响画面图像的参数都可成为关键帧的参数，如位置、旋转角、纹理的参数等。关键帧技术是计算机动画中最基本并且运用最广泛的方法。

　　可以根据需要在时间轴中添加或删除帧，方法是将播放头移至预添加帧的位置，在菜单栏中选择【修改】→【时间轴】→【添加帧】或【删除帧】命令，将在播放头右侧添加或删除 1 帧。如果选定整个动画条，在菜单栏中选择【修改】→【时间轴】→【增加关键帧】命令，将在当前播放头位置添加关键帧。选定某关键帧，在菜单栏中选择【修改】→【时间轴】→【删除关键帧】命令可将当前关键帧删除。

　　通过时间轴可以改变层的位置，从而产生动画的效果。另外，还可以利用时间轴来改变图像源文件及层的可见性、大小和重叠次序。要改变层的大小，可以拖动层的大小调整手柄或在【属性】面板的【宽】和【高】选项的文本框内输入新的值。要改变层的重叠次序，可以在【Z 轴】选项的文本框内输入新的值或用【层】面板来改变当前层的重叠次序。将这些功能综合利用就可以制作出时隐时现的动画效果。

　　如果需要创建具有复杂运动路径的动画，一个一个地创建关键帧会花费许多时间。还有一种更加高效而简单的方法可创建复杂运动轨迹的动画，这就是录制层路径功能。首先在菜单栏中选择【修改】→【时间轴】→【录制层路径】命令，然后在文档中拖动层来录制路径，最后在动画要停止的地方释放鼠标左键，Dreamweaver 8 将自动在【时间轴】面板中添加对象，并且较为合理地创建一定数目的关键帧。这时也可以根据实际情况对各关键帧的位置适当进行调整使其更为合理。

项目实训　使用层和时间轴制作动画

本项目主要介绍了使用层和时间轴制作动画的基本方法，通过本实训，读者可以进一步巩固所学的基础知识。

要求： 将素材文件复制到站点根文件夹下，然后创建网页并使用层和时间轴制作如图10-32 所示的动画网页。

图10-32　演员表动画

【操作步骤】

1. 插入层"PskyLayer"，左边距和上边距均为"0px"，宽度和高度分别为"850px"和"638px"，背景图像为"images/psky.jpg"，溢出为"hidden"。
2. 在层"PskyLayer"中插入一个嵌套层"YanyuanLayer"，左边距为"250px"，上边距为"100px"，宽度和高度分别为"300px"和"250px"。
3. 在嵌套层"YanyuanLayer"中插入一个5行3列宽度为"270px"的表格，边距、间距、填充均为"0"，然后对第1行单元格进行合并，高度设置为"50px"，第1列和第3列单元格宽度均设置为"90px"，高度均设置为"45px"，所有单元格水平对齐方式均设置为"居中对齐"，垂直对齐方式均设置为"居中"，最后输入相应的文本。
4. 将层"YanyuanLayer"添加到时间轴，然后选择第1帧，在【属性】面板中设置上边距为"700px"。
5. 将动画条的最后一个关键帧拖到时间轴的第150帧处，然后在【属性】面板中设置上边距为"－650px"。
6. 在【时间轴】面板中勾选【自动播放】和【循环】两个复选框，这样可使时间轴动画在页面打开时能够自动循环播放。

项目小结

本项目通过飞机飞行动画介绍了时间轴的一些基本功能和使用方法，同时也让读者对层这个概念有了更进一步的了解。下面将创建时间轴动画应该注意的问题进行简要总结，以供读者参考。

- 当需要改变图像源文件时，最好将图像放在层当中，不要单独改变图像源文件。切换图像源文件会减慢动画速度，因为新图像必须要重新下载。如果图像将被放在层里面，那么在动画运行之前所有的图像将被一次下载完，不会有明显的停顿或者丢失图像现象。
- 如果动画看上去不是很连贯且图像在位置间有跳动，可以通过拉长动画条使运动效果更平滑。拉长动画条时将在运动的起点与终点间创建更多的数据点，同时也使得对象移动得更慢。
- 动画中最好不要调用较大的位图，因为大的位图将导致整个动画降速。

时间轴和层就像一对钥匙和锁，只有将它们配成对，才能打开网页动画的大门。希望读者在实践中能够认真理解，并做到举一反三。

 思考与练习

一、填空题

1. 通过_____可以让层的位置、尺寸、可视性和重叠次序随着时间的变化而改变，从而创建出具有 Flash 效果的动画。

2. 选定层后，在菜单栏中选择【修改】→【_____】→【添加对象到时间轴】命令，将层添加到【时间轴】面板。

3. 如果不想让时间轴动画条的各关键帧随着总长度的变化而变化，只要在拖动最后一个关键帧时按住_____键即可。

4. 如果需要创建具有复杂运动路径的动画，一个一个地创建关键帧会花费许多时间。还有一种更加高效而简单的方法可创建复杂运动轨迹的动画，这就是_____功能。

5. 如果让时间轴动画能够自动循环播放，在【时间轴】面板中必须同时勾选【自动播放】和【_____】两个复选框。

二、选择题

1. 时间轴是与（　　）密切相关的一项功能，它可以在 Dreamweaver 8 中实现动画的效果。

    A. 层　　　　B. 表格　　　C. 框架　　　D. 模板

2. 下面关于时间轴的说法错误的有（　　）。

    A. 在菜单栏中选择【窗口】→【时间轴】命令将打开【时间轴】面板

    B. 在菜单栏中选择【修改】→【时间轴】→【添加对象到时间轴】命令，将层添加到【时间轴】面板

    C. 在【时间轴】的动画条中，可以根据需要增加关键帧，但不能增加帧

    D. 【时间轴】中的动画条可以加长也可以缩短

三、简答题

1. 如何将对象添加到时间轴？
2. 如何改变时间轴动画的播放时间？

四、操作题

根据操作提示使用层和时间轴制作如图 10-33 所示的"飘动的云"动画网页。

图10-33　"飘动的云"动画网页

【操作提示】

（1）插入层"LskyLayer"，设置左边距和上边距均为"0px"，宽度和高度分别为"1024px"和"768px"，背景图像为"images/lsky.jpg"，溢出为"hidden"。

（2）在层"PskyLayer"中插入一个嵌套层"YunLayer"，左边距为"0px"，上边距为"300px"，宽度和高度分别为"288px"和"56px"。

（3）在嵌套层"YunLayer"中插入图像文件"images/yun.gif"。

（4）将层"YunLayer"添加到时间轴，然后选择第 1 帧，在【属性】面板中设置左边距为"0px"，上边距为"300px"。

（5）将动画条的最后一个关键帧拖到时间轴的第 120 帧处，然后在【属性】面板中设置左边距为"1000px"，上边距为"300px"。

（6）在动画条的第 60 帧处增加一个关键帧，然后在【属性】面板中设置左边距为"500px"，上边距为"0px"。

（7）在【时间轴】面板中勾选【自动播放】和【循环】两个复选框，这样可使时间轴动画在页面打开时能够自动循环播放。

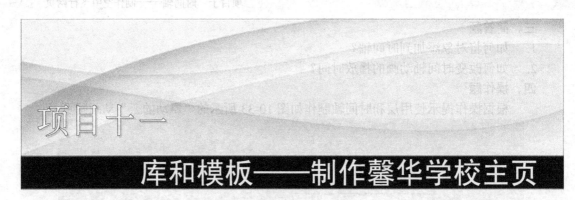

项目十一

库和模板——制作馨华学校主页

在使用 Dreamweaver 制作网页时，可以通过库和模板技术来统一网站风格，提高工作效率。本项目以图 11-1 所示的学校主页为例，介绍使用库和模板制作网页的基本方法。在本项目中，首先制作库项目页眉和页脚，然后制作模板，最后根据模板制作学校主页。

图11-1 馨华学校主页

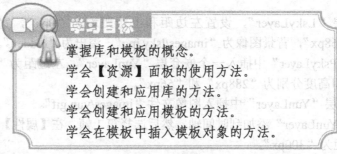

掌握库和模板的概念。
学会【资源】面板的使用方法。
学会创建和应用库的方法。
学会创建和应用模板的方法。
学会在模板中插入模板对象的方法。

【设计思路】

本项目设计的是学校主页，页面布局和栏目设计符合学校网页的特点。在网页制作过程中，网页按照页眉、主体和页脚的顺序进行制作。页眉设置了学校名称和栏目导航，主体部分以校园为背景设置了校园通告、校园新闻等内容，页脚设置了导航栏和学校地址等。总之，页面布局清新脱俗，内容设置恰当，充分体现了学校的办学特色和精神风貌。

任务一 创建库

库是一种特殊的 Dreamweaver 文件，可以用来存放诸如文本、图像等网页元素，这些元素通常被广泛用于整个站点，并且经常被重复使用或更新。也就是说，库是解决一些网页元素在多个网页中重复应用的一种解决方法。下面介绍创建库的基本方法。

（一）　创建库项目

在 Dreamweaver 8 中，创建的库项目的文件扩展名是".lbi"，保存在"Library"文件夹内，"Library"是自动产生的，不能对其进行修改。下面介绍在【资源】面板中创建库项目的方法。

【操作步骤】

1. 定义一个本地静态站点，然后将素材文件复制到站点根文件夹下。
2. 在菜单栏中选择【窗口】→【资源】命令，打开【资源】面板。在【资源】面板中单击 📖（库）按钮切换至【库】分类，如图 11-2 所示。

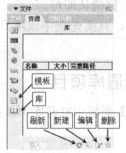

图11-2　打开【资源】面板并切换至【库】分类

【知识链接】

【资源】面板将网页的元素分为 9 类，面板的左边垂直并排着 ▣（图像）、▦（颜色）、✏（URLs）、◉（Flash）、▥（Shockwave）、▤（影片）、◈（脚本）、▤（模板）和 📖（库）9 个按钮，每一个按钮代表一大类网页元素。面板的右边是列表区，分为上栏和下栏，上栏是元素的预览图，下栏是明细列表。

在【库】和【模板】分类的明细列表栏的下面依次排列着 [插入] 或 [应用]、⟳（刷新站点列表）、⊡（新建）、☑（编辑）和 🗑（删除）5 个按钮。单击面板右上角的 ▤ 按钮将弹出一个菜单，其中包括【资源】面板的一些常用命令。

3. 单击【资源】面板右下角的 ⊡（新建）按钮，新建一个库，然后在列表框中输入库的名称"top"，如图 11-3 所示。

图11-3　新建库并命名

4. 使用同样的方法创建名称为"foot"的库项目。

【知识链接】

创建库项目有两种方法，即直接创建空白库项目和从已有的网页创建库项目。

（1）直接创建空白库项目。

在【资源】面板中切换到【库】分类，然后单击【资源】面板右下角的 按钮来创建空白库项目。也可以在菜单栏中选择【文件】→【新建】命令，打开【新建文件】对话框，然后选择【常规】→【基本页】→【库项目】命令来创建空白库项目。创建空白库项目后，还需要打开库项目，在其中添加内容。

（2）从已有的网页创建库项目。

首先打开一个已有的文档，从中选择要保存为库项目的对象，如表格、图像等，然后在菜单栏中选择【修改】→【库】→【增加对象到库】命令或在【资源】面板的【库】分类模式下，单击右下角的 按钮，该对象即被添加到库项目列表中，库项目名为系统默认的名称，修改名称后按 Enter 键确认即可。

如果要删除库项目，只要先选中该项目，然后单击【资源】面板右下角的 按钮或按 Delete 键即可。

（二） 编排页眉库项目

下面介绍在【资源】面板中打开库项目并添加内容的方法。

【操作步骤】

首先设置 CSS 样式。

1. 在【资源】面板中选中库项目 "top.lbi"，再单击【资源】面板右下角的 按钮，或者双击 "top.lbi" 打开页眉库项目。

2. 在菜单栏中选择【窗口】→【CSS 样式】命令，打开【CSS 样式】面板，单击面板底部的 按钮，在弹出的【新建 CSS 规则】对话框的【选择器类型】选项组中，选择【标签（重新定义特定标签的外观）】单选按钮，在【标签】下拉列表中选择 "body"，在【定义在】选项组中选择 "新建样式表文件" 单选按钮，如图 11-4 所示。

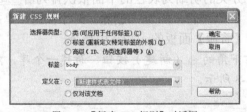

图11-4 【新建 CSS 规则】对话框

3. 单击 确定 按钮，打开【保存样式表文件为】对话框，把样式表文件保存为 "css.css"。然后在【body 的 CSS 规则定义（在 css.css 中）】对话框的【区块】分类中设置文本对齐方式为 "居中"，在【方框】分类中设置边界全部为 "0"。

4. 在 "css.css" 中重新定义标签 "table" 的样式，设置文本大小为 "12 像素"。

5. 在 "css.css" 中创建高级 CSS 样式 "a:link,a:visited"，设置文本颜色为 "#006633"，修饰效果为 "无"。

6. 在 "css.css" 中创建高级 CSS 样式 "a:hover"，设置文本颜色为 "#FF0000"，有下画线。

下面开始向库项目添加内容。

7. 插入一个 2 行 2 列的表格，其属性参数设置如图 11-5 所示。

图11-5　表格属性参数设置

8. 对第 1 列的两个单元格进行合并，并在【属性】面板中设置其水平对齐方式为"居中对齐"，宽度为"120"，如图 11-6 所示。然后在单元格中插入"images"文件夹下的学校标志文件"logo.gif"。

图11-6　单元格属性参数设置

9. 设置第 2 列第 1 个单元格的水平对齐方式为"右对齐"，高度为"30"，然后在单元格中再插入一个 1 行 3 列的嵌套表格，属性参数设置如图 11-7 所示。

图11-7　表格属性参数设置

10. 设置嵌套表格 3 个单元格的水平对齐方式均为"右对齐"，宽度均为"80"，然后在单元格中依次输入文本"设为主页"、"加入收藏"和"联系我们"。

11. 设置第 2 列第 2 个单元格的水平对齐方式为"右对齐"，高度为"30"，然后在单元格中再插入一个 1 行 6 列的嵌套表格，属性参数设置如图 11-8 所示。

图11-8　表格属性参数设置

12. 设置嵌套表格所有单元格的水平对齐方式均为"居中对齐"，宽度均为"80"，然后输入"学校主页"、"学校概况"、"课程设置"、"教学科研"、"学校社区"和"新闻消息"，并添加空链接"#"。

13. 保存页眉库文件，如图 11-9 所示。

图11-9　页眉库项目

（三）　编排页脚库项目

下面编排页脚库项目的内容。

【操作步骤】

1. 在【资源】面板中打开库项目"foot.lbi"，然后单击【CSS 样式】面板底部的 按钮，在打开的【链接外部样式表】对话框中链接外部样式表文件"css.css"，如图 11-10 所示。

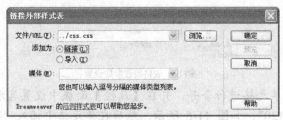

图11-10 【链接外部样式表】对话框

2. 在库项目中插入一个 1 行 6 列的表格，其属性参数设置如图 11-11 所示。

图11-11 表格属性参数设置

3. 设置前 5 个单元格的水平对齐方式为"左对齐"，宽度为"80"，然后在单元格中依次输入文本"站点地图"、"图书馆"、"实验中心"、"学科导航"和"网络服务"，并添加空链接"#"。

4. 设置最后一个单元格的水平对齐方式为"右对齐"，然后在其中输入文本"版权所有 XXX 省 XXX 市馨华学校"，如图 11-12 所示。

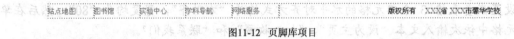

图11-12 页脚库项目

【知识链接】

在库项目中使用 CSS 样式时，尽量不要创建复杂的"标签"类型的样式，因为标签类型的样式定义后，所有引用该样式表的文档，只要文档中有定义的 HTML 标签，其样式就要起作用。在上面的操作中，虽然也创建了两个标签类型的 CSS 样式，如"body"和"table"，但都比较简单。"body"标签样式的主要作用就是，使文档内容居中显示，同时边界全部为"0"，这基本上是所有网页的共同特点。"table"标签样式的主要作用就是设置表格中文本的大小为"12 像素"，至于表格本身的样式也没有定义。如果站点网页比较多，而且都在引用同一个样式表时，读者在定义标签类型的 CSS 样式时就要特别谨慎。

任务二 创建模板

在网页制作中，可以将具有相同版面结构和风格的网页制作成模板，然后通过模板制作网页。如果说库项目解决的是网页内容相同的问题，那么模板解决的恰恰是网页结构相同的问题。下面介绍创建网页模板的基本方法。

（一） 创建模板文件

在 Dreamweaver 8 中，创建的模板文件的扩展名是".dwt"，保存在"Templates"文件夹内，"Templates"是自动产生的，不能对其进行修改。下面介绍在【资源】面板中创建模板文件的方法。

【操作步骤】

1. 打开【资源】面板，单击 ▤ 按钮，切换至【模板】分类。

2. 单击面板右下角的 🗗 按钮，新建一个默认名称为 "Untitled" 的模板，在列表框中输入模板的新名称 "index" 以替换原来的名称 "Untitled"，并按 Enter 键进行确认，如图 11-13 所示。

3. 双击模板文件 "index.dwt"，或者先选中模板文件 "index.dwt"，再单击【资源】面板右下角的 ✏ 按钮打开模板文件。

4. 在菜单栏中选择【窗口】→【CSS 样式】命令，打开【CSS 样式】面板，单击右下角的 ⊕ 按钮，链接外部样式表文件 "css.css"。

5. 在菜单栏中选择【文件】→【保存】命令保存文件。

图11-13　创建模板文件

【知识链接】

创建库和模板前，首先要创建站点，因为库和模板是保存在站点中的，在应用库和模板时也要在站点中进行选择。如果没有创建站点，在保存库和模板时会先提示创建站点。

创建模板也有两种方法，即直接创建空白模板和将现有网页保存为模板。

（1）直接创建空白模板。

在【资源】面板中切换到【模板】分类，然后单击【资源】面板右下角的 🗗 按钮来创建空白模板。也可以在菜单栏中选择【文件】→【新建】命令，打开【新建文件】对话框，然后选择【常规】→【模板页】→【HTML 模板】命令来创建空白模板。创建空白模板后，还需要打开模板文件，在其中添加网页元素和模板对象。

（2）将现有网页保存为模板。

首先打开一个已有内容的网页文档，根据实际需要在网页中选择网页元素，并将其转换为模板对象，然后在菜单栏中选择【文件】→【另存为模板】命令，将其保存为模板。

如果要删除模板，只要先选中该模板，然后单击【资源】面板右下角的 🗑 按钮或按 Delete 键即可。

（二）　插入库项目

下面介绍在模板中插入库项目的方法。

【操作步骤】

1. 将光标置于模板文档 "index.dwt" 中，在【资源】面板中切换至【库】分类，并在列表框中选中库文件 "top.lbi"。

2. 单击【资源】面板底部的 插入 按钮或者单击鼠标右键，在弹出的快捷菜单中选择【插入】命令，将库项目插入到模板顶部，如图 11-14 所示。

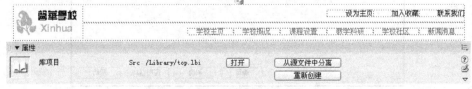

图11-14　插入库项目

3. 使用相同的方法将页脚库项目也插入模板中。

【知识链接】

库项目是可以在多个页面中重复使用的页面元素。在使用库项目时，Dreamweaver 不是向网页中插入库项目，而是向库项目中插入一个链接，【属性】面板的 "Src /Library/top.lbi" 可以清楚地说明这一点。

在网页中引用的库项目无法直接进行修改，如果要修改库项目，需要直接打开库项目进行修改。打开库项目的方式通常有两种，一种是在【资源】面板中打开库项目，另一种是在引用库项目的网页中选中库项目，然后在【属性】面板中单击 打开 按钮打开库项目。在库项目被打开修改且保存后，通常引用该库项目的网页会自动进行更新。如果没有进行自动更新，可以在菜单栏中选择【修改】→【库】→【更新当前页面】或【更新页面】命令进行更新。

在【属性】面板中单击 从源文件中分离 按钮，可将库项目的内容与库文件分离，分离后库项目的内容将自动变成网页中的内容，网页与库项目不再有关联。

（三） 插入模板对象

在模板中，比较常用的模板对象有可编辑区域、重复表格和重复区域。下面介绍在模板中插入可编辑区域、重复表格和重复区域的方法。

【操作步骤】

1. 用鼠标单击页眉库项目，然后在菜单栏中选择【插入】→【表格】命令，在页眉库项目的下面插入一个 1 行 1 列的表格，表格 Id 为 "midtab"，参数设置如图 11-15 所示。

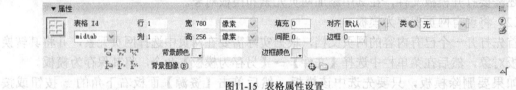

图11-15　表格属性设置

2. 在 "css.css" 中创建基于表格 "midtab" 的高级 CSS 样式 "#midtab"，设置背景图像为 "images/background.jpg"，不重复，水平位置为 "左对齐"，垂直位置为 "底部"，如图 11-16 所示。

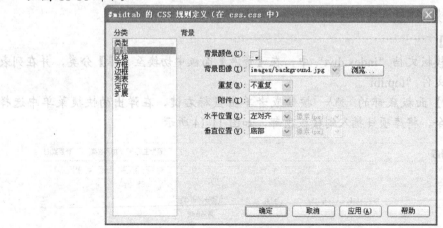

图11-16　定义 CSS 高级样式 "#midtab"

3. 设置单元格的水平对齐方式为"右对齐",垂直对齐方式为"顶端",然后在其中插入一个2行3列的嵌套表格,表格ID为"maintab",其他参数设置如图11-17所示。

图11-17　表格属性参数设置

4. 选中"maintab"表格的所有单元格,设置其水平对齐方式为"左对齐",垂直对齐方式为"顶端",单元格宽度为"150",高度为"120",效果如图11-18所示。

图11-18　设置单元格属性后的效果

5. 在"css.css"中创建基于表格"maintab"的高级CSS超级链接样式"#maintab a:link,#maintan a:visited",设置文本颜色为"#0066FF",无修饰效果。

6. 在"css.css"中创建基于表格"maintab"的高级CSS超级链接悬停效果样式"#maintab a:hover",设置文本颜色为"#000000",有下画线。

下面插入模板对象可编辑区域。

7. 将鼠标光标定位在第1行的第1个单元格内,然后在菜单栏中选择【插入】→【模板对象】→【可编辑区域】命令,打开【新建可编辑区域】对话框,在【名称】文本框中输入"校园公告",然后单击 确定 按钮,在单元格内插入可编辑区域,如图11-19所示。

图11-19　插入可编辑区域

> 也可在【插入】→【常用】→【模板】面板中单击 □（可编辑区域）按钮,打开【新建可编辑区域】对话框,插入或者将当前选定区域设为可编辑区域。

8. 使用同样的方法在第2行的第1个和第2个单元格内分别插入名称为"教学之星"和"学习之星"的可编辑区域,如图11-20所示。

图11-20　插入可编辑区域

【知识链接】

可编辑区域是指可以进行添加、修改和删除网页元素等操作的区域。可编辑区域在模板中由高亮显示的矩形边框围绕，该边框使用在首选参数中设置的高亮颜色。该区域左上角的选项卡显示该区域的名称。在可编辑区域内不能再继续插入可编辑区域。

修改可编辑区域等模板对象的名称可通过【属性】面板进行。这时首先需要选择模板对象，方法是单击模板对象的名称或者将鼠标光标定位在模板对象处，然后在工作区下面选择相应的标签，在选择模板对象时会显示其【属性】面板，在【属性】面板中修改模板对象名称即可。

下面介绍插入模板对象重复表格。

9. 将鼠标光标定位在第 1 行的第 2 个单元格内，然后在菜单栏中选择【插入】→【模板对象】→【重复表格】命令，插入一个重复表格，如图 11-21 所示。

图11-21　插入重复表格

也可以在【插入】→【常用】→【模板】面板中单击 ▦（重复表格）按钮，打开【插入重复表格】对话框，在当前区域插入重复表格。

10. 单击可编辑区域名称"EditRegion4"将其选择，在【属性】面板中将其名称修改为"内容 1"，按照同样的方法修改可编辑区域名称"EditRegion5"为"内容 2"，如图 11-22 所示。

图11-22　修改可编辑区域名称

【知识链接】

重复表格是指包含重复行的表格格式的可编辑区域，可以定义表格的属性并设置哪些单元格可编辑。如果在对话框中不设置单元格边距、单元格间距和边框的值，则大多数浏览器按【单元格边距】为"1"、【单元格间距】为"2"、【边框】为"1"显示表格。【插入重复表格】对话框的上半部分与普通的表格参数没有什么不同，重要的是下半部分的参数。

- 【重复表格行】：指定表格中的哪些行包括在重复区域中。
- 【起始行】：设置重复区域的第 1 行。
- 【结束行】：设置重复区域的最后 1 行。
- 【区域名称】：设置重复表格的名称。

重复表格可以被包含在重复区域内，但不能被包含在可编辑区域内。另外，不能将选定的区域变成重复表格，只能插入重复表格。

下面介绍插入模板对象重复区域。

11. 将第 3 列的两个单元格进行合并，然后在菜单栏中选择【插入】→【模板对象】→【重复区域】命令，打开【新建重复区域】对话框，在【名称】文本框中输入"内容导读"，单击 ┃ 确定 ┃ 按钮，在单元格内插入名称为"内容导读"的重复区域，如图 11-23 所示。

图11-23　插入重复区域

　也可以在【插入】→【常用】→【模板】面板中单击 ▣（重复区域）按钮，打开【新建重复区域】对话框，将当前选定的区域设置为重复区域。

【知识链接】

重复区域是指可以在模板中任意复制的指定区域。重复区域不是可编辑区域，若要使重复区域中的内容可编辑，必须在重复区域内插入可编辑区域或重复表格。重复区域可以包含整个表格或单独的表格单元格。如果选定"<td>"标签，则重复区域中包括单元格周围的区域，如果未选定，则重复区域将只包括单元格中的内容。在一个重复区域内可以继续插入另一个重复区域。整个被定义为重复区域的部分都可以被重复使用。

12. 将重复区域内的文本"内容导读"删除，在其中插入符号"★"和两个换行符，然后在"★"和换行符之间再插入一个可编辑区域，【新建可编辑区域】对话框如图 11-24 所示。

下面为单元格创建 CSS 高级样式"#tdline"。

图11-24　插入可编辑区域

13. 将鼠标光标置于"校园公告"所在单元格，然后右键单击文档左下角的"<td>"标签，在弹出的快捷菜单中选择【快速标签编辑器】命令，打开快速标签编辑器，在其中添加"id="tdline""，如图 11-25 所示。

编辑标签：<td width="150" height="120" id="tdline">

图11-25　快速标签编辑器

14. 在 "css.css" 中创建高级 CSS 样式 "#tdline"，在【边框】分类中设置样式为 "点划线"，宽度为 "1 像素"，颜色为 "#99CC99"，如图 11-26 所示。

图11-26　创建高级 CSS 样式 "#tdline"

15. 把鼠标光标分别置于其他单元格内，并右键单击文档左下角的 "<td>" 标签，在弹出的快捷菜单中选择【设置 ID】→【tdline】命令，把样式应用到这些单元格上，效果如图 11-27 所示。

图11-27　应用单元格样式

至此，模板就制作完成了。

【知识链接】

在创建模板的过程中，当创建了一个可编辑区域后，在该区域内不能再继续创建可编辑区域。但如果以该模板为基准新建一个文档，在该文档的可编辑区域内却可以继续插入可编辑区域，此时该文档必须保存为嵌套模板。因此，可编辑区域的嵌套是模板嵌套的重要前提条件。在嵌套模板中，除新建的可编辑区域外，其他部分只能交给上级模板来修改，这是嵌套模板的特点。

任务三　应用模板

创建模板的目的在于使用模板生成网页，下面介绍通过模板生成网页的方法。

【操作步骤】

1. 在菜单栏中选择【文件】→【新建】命令，打开【从模板新建】对话框，切换至【模板】选项卡，选择已经创建的主页模板 "index.dwt"，然后勾选对话框右侧下面的【当模板改变时更新页面】复选框，以保证模板改变时更新基于模板的页面，如图 11-28 所示。

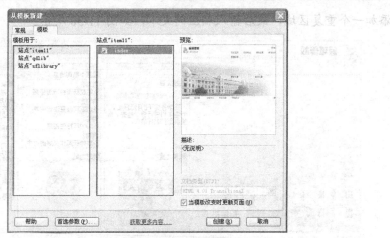

图11-28 【从模板新建】对话框

【知识链接】

如果在 Dreamweaver 中已经定义了多个站点，这些站点会依次显示在【从模板新建】对话框左侧的【模板用于】列表框中，在列表框中选择一个站点，在右侧的列表框中就会显示这个站点中的模板。

通过模板生成的网页，在模板更新时可以对站点中所有应用同一模板的网页进行批量更新，这就要求在【从模板新建】对话框中勾选【当模板改变时更新页面】复选框。如果页面没有更新，可以在菜单栏中选择【修改】→【模板】→【更新当前页】或【更新页面】命令，对由模板生成的网页进行更新。

2. 单击 创建(R) 按钮打开文档，并将文档保存为 "index.htm"，如图 11-29 所示。

图11-29 由模板生成的网页

3. 将 "校园公告" 可编辑区域中的文本删除，然后插入一个 2 行 1 列、宽度为 "100%" 的表格，填充、间距和边框均为 "0"。

4. 设置第 1 个单元格的水平对齐方式为 "居中对齐"，高度为 "30 像素"，输入文本，并设置文本颜色为 "#FF0000"，然后在第 2 个单元格中输入相应的文本。

5. 将 "教学之星" 和 "学习之星" 可编辑区域中的文本删除，分别添加图像文件 "images/sxh.jpg" 和 "images/syx.jpg"，并使它们居中对齐。

6. 单击 "重复: 新闻消息" 右侧的 + 按钮，给 "新闻消息" 栏目添加重复行，然后添加内容和空链接。

7. 将 "重复: 内容导读" 中 "内容" 可编辑区域中的文本删除，然后单击右侧的 + 按钮，添加一个重复区域，最后输入相应的文本，如图 11-30 所示。

图11-30　添加内容

 单击 + 按钮可以添加一个重复栏目。如果要删除已经添加的重复栏目，可以先选择该栏目，然后单击 − 按钮。

8.　保存文件并在浏览器中预览其效果。

【知识链接】

使用模板创建网页的方式通常有以下两种。

（1）从模板新建网页。

在菜单栏中选择【文件】→【新建】命令，打开【新建文档】对话框，切换至【模板】选项卡，选择已创建的模板。也可以在【资源】面板中切换到【模板】分类，在模板列表中用鼠标右键单击需要的模板，在弹出的快捷菜单中选择【从模板新建】命令，基于模板的新文档即会在文档窗口中打开。

（2）在已存在页面应用模板。

首先打开要应用模板的网页文档，然后在菜单栏中选择【修改】→【模板】→【套用模板到页】命令，或在【资源】面板的模板列表框中选中要应用的模板，再单击面板底部的 应用 按钮即可应用模板。如果已打开的文档是一个空白文档，文档将直接应用模板，如果打开的文档是一个有内容的文档，这时通常会打开一个【不一致的区域名称】对话框，如图 11-31 所示。该对话框会提示读者将文档中的已有内容放在模板的什么区域。

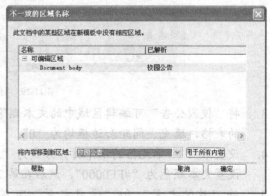

图11-31　【不一致的区域名称】对话框

另外，还可通过【从模板中分离】命令将使用模板的网页脱离模板，脱离模板后，模板中的内容将自动变成网页中的内容，网页与模板不再有关联。

项目实训　制作网页模板

本项目主要介绍了使用库和模板制作网页的基本方法，通过本实训，读者可以进一步巩固所学的基础知识。

要求：将素材文件复制到站点根文件夹下，然后创建如图 11-32 所示的网页模板。

图11-32　制作网页模板

【操作步骤】

1. 创建页眉库文件"yxtop.lbi"，在其中插入一个 1 行 1 列、宽为"780 像素"的表格，填充、间距和边框均为"0"，表格对齐方式为"居中对齐"，然后在单元格中插入"image"文件夹下的图像文件"logo.gif"。

2. 创建页脚库文件"yxfoot.lbi"，在其中插入一个 1 行 1 列、宽为"780 像素"的表格，填充、间距和边框均为"0"，表格对齐方式为"居中对齐"，然后设置单元格水平对齐方式为"居中对齐"，垂直对齐方式为"居中"，单元格高度为"30"，然后输入文本。

3. 创建模板文件"shixun.dwt"，设置页边距均为"0"，文本大小为"12 像素"，然后插入页眉和页脚两个库文件。

4. 在页眉和页脚中间插入一个 1 行 2 列、宽为"780 像素"的表格，填充、间距和边框均为"0"，表格对齐方式为"居中对齐"。

5. 设置左侧单元格的水平对齐方式为"居中对齐"，垂直对齐方式为"顶端"，宽度为"160 像素"，并在左侧单元格中插入名称为"导航栏"的重复区域，将重复区域中的文本删除，然后插入一个 1 行 1 列、宽为"90%"的表格，填充和边框均为"0"，间距为"5"。

6. 设置所有单元格的水平对齐方式为"居中对齐"，垂直对齐方式为"居中"，单元格高度为"25"，背景颜色为"#CCCCCC"，然后在单元格中插入名称为"导航名称"的可编辑区域。

7. 设置右侧单元格的水平对齐方式为"居中对齐"，垂直对齐方式为"居中"，然后在其中插入名称为"内容"的重复表格，如图 11-33 所示，然后把重复表格两个单元格中的可编辑区域的名称分别修改为"标题行"和"内容行"。

图11-33　插入重复表格

项目小结

本项目以学校主页为例，介绍了库和模板的创建、编辑和应用方法。通过本项目的学习，读者可以掌握使用库和模板创建网页的方法，特别是模板中可编辑区域、重复表格和重复区域的创建及应用。读者需要注意的是，单独使用模板对象重复区域没有实际意义，只有将其与可编辑区域或重复表格一起使用才能发挥其作用。另外，在模板中，如果将可编辑区域、重复表格或重复区域的位置指定错了，可以将其删除进行重新设置。选取需要删除的模板对象，然后在菜单栏中选择【修改】→【模板】→【删除模板标记】命令或按 Delete 键即可。

思考与练习

一、填空题

1. 创建的库文件保存在"_____"文件夹内。

2. 创建的模板文件保存在"_____"文件夹。

3. 模板中的_____是指可以任意复制的指定区域，但单独使用没有意义。

4. 模板中的_____是指可以进行添加、修改和删除网页元素等操作的区域，在该区域内不能再插入可编辑区域。

5. 模板中的_____是指可以创建包含重复行的表格格式的可编辑区域。

二、选择题

1. 库文件的扩展名为（　　　）。

   A. .htm   B. .asp   C. .dwt   D. .lbi

2. 关于库的说法错误的是（　　　）。

   A. 插入网页中的库可以从网页中分离

   B. 可以直接修改插入网页中的库的内容

   C. 对库内容进行修改后通常会自动更新插入了库的网页

   D. 选择【修改】→【库】→【更新页面】命令对添加了库的页面进行更新

3. 模板文件的扩展名为（　　　）。

   A. .htm   B. .asp   C. .dwt   D. .lbi

4. 对模板和库项目的管理主要是通过（　　　）。

   A.【资源】面板   B.【文件】面板   C.【层】面板   D.【行为】面板

5. 关于模板的说法错误的是（　　　）。

   A. 应用模板的网页可以从模板中分离

   B. 在【资源】面板中可以利用所有站点的模板创建网页

   C. 在【资源】面板中可以重命名模板

   D. 对模板进行修改后通常会自动更新应用了该模板的网页

三、简答题

1. 如何理解模板和库？

2. 常用的模板对象有哪些？如何理解这些模板对象？

四、操作题

根据操作提示使用库和模板制作如图 11-34 所示的网页模板。

图11-34　网页模板

【操作提示】

（1）创建页眉库文件"top_yx.lbi"，在其中插入一个 1 行 1 列、宽为"780 像素"的表格，填充、间距和边框均为"0"，表格对齐方式为"居中对齐"，然后在单元格中插入"image"文件夹下的图像文件"logo_yx.gif"。

（2）创建页脚库文件"foot_yx.lbi"，在其中插入一个 2 行 1 列、宽为"780 像素"的表格，填充、间距和边框均为"0"，表格对齐方式为"居中对齐"，然后设置单元格水平对齐方式为"居中对齐"，垂直对齐方式为"居中"，单元格高度为"25"，然后输入相应的文本。

（3）创建模板文件"lianxi.dwt"，设置页边距均为"0"，文本大小为"12 像素"，然后插入页眉和页脚两个库文件。

（4）在页眉和页脚中间插入一个 1 行 3 列、宽为"780 像素"的表格，填充、间距和边框均为"0"，表格对齐方式为"居中对齐"，然后设置所有单元格的水平对齐方式为"居中对齐"，垂直对齐方式为"顶端"，其中左侧和右侧单元格的宽度均为"180 像素"。

（5）在左侧单元格插入名称为"左侧栏目"的可编辑区域。

（6）在中间单元格插入名称为"中间栏目"的重复表格，如图 11-35 所示。然后把重复表格两个单元格中的可编辑区域的名称分别修改为"标题行"和"内容行"，并设置标题行单元格的高度为"25"，背景颜色为"#CCFFFF"。

图11-35　插入重复表格

（7）在右侧单元格插入名称为"右侧栏目"的重复区域，删除重复区域中的文本，然后在其中插入一个 1 行 1 列的表格，表格宽度为"98%"，填充和边框均为"0"，间距为"2"，最后在单元格插入名称为"右侧内容"的可编辑区域。

（8）保存模板，然后使用该模板创建一个网页文档，内容由读者自由添加。

项目十二

行为——完善个人网页功能

行为是 Dreamweaver 内置的脚本程序，能够为网页增添许多效果，如弹出式菜单、弹出信息、打开浏览器新窗口等。本项目以图 12-1 所示的个人网页为例，介绍使用行为完善网页功能的基本方法。在本项目中，首先设置页眉部分的状态栏文本、弹出式菜单行为，然后设置主体部分的打开浏览器窗口、交换图像、弹出信息以及控制 Shockwave 或 Flash 等行为。

图12-1 个人网页

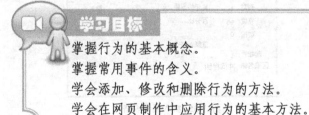
学习目标

掌握行为的基本概念。
掌握常用事件的含义。
学会添加、修改和删除行为的方法。
学会在网页制作中应用行为的基本方法。

【设计思路】

本项目设计的是个人主页，个人主页通常会根据个人的喜好进行页面布局和栏目设计。在网页制作过程中，个人主页按照页眉、主体和页脚的顺序进行制作。页眉展示了主页名称和欢迎语，主体部分展示了具体的栏目、Flash 动画、个人图片等内容，页脚展示了版权信息、地址和联系方式等。总之，页面布局和内容设置给人耳目一新的感觉。

任务— 设置页眉中的行为

下面设置页眉部分使用的行为，包括【状态栏文本】行为和【弹出式菜单】行为。

（一） 设置状态栏文本

状态栏文本是指显示在浏览器状态栏中的文本，下面介绍其设置方法。

【操作步骤】

1. 定义一个本地静态站点，然后将素材文件复制到站点根文件夹下，并打开网页文件 "index.htm"。

2. 在菜单栏中选择【窗口】→【行为】命令，打开【行为】面板，如图 12-2 所示。

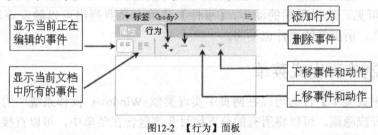

图12-2 【行为】面板

> 一个特定事件的动作将按照指定的顺序执行。对于在列表中不能上移或下移的动作，上移和下移按钮将不起作用。

3. 选中页眉左端的 Logo 图像 "images/logo.gif"，然后在【行为】面板中单击 **+** 按钮，打开行为菜单，从中选择【设置文本】→【设置状态栏文本】命令，打开【设置状态栏文本】对话框，在【消息】文本框中输入"欢迎访问我的个人主页！"，如图 12-3 所示。

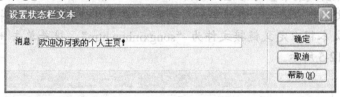

图12-3 【设置状态栏文本】对话框

4. 单击 确定 按钮完成设置，如图 12-4 所示。

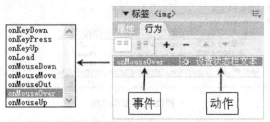

图12-4 【行为】面板中的事件和动作

5. 保存文档并在浏览器中浏览，当鼠标光标停留在 Logo 图像上时，浏览器状态栏将显示事先定义好的文本。

【知识链接】

行为是事件及其所触发的动作的组合，因此行为的基本元素有两个：事件和动作。事件是触发动作的原因，动作是事件触发后要实现的效果。例如，当访问者将鼠标指针移到一个链接上时，浏览器就会为这个链接产生一个"onMouseOver"（鼠标经过）事件。然后，浏览器会检查当事件产生时，是否有一些动作需要执行。

可以将行为应用到整个文档（即 body 标签），还可以应用到链接、图像、表单元素或其他 HTML 元素上。例如，在大多数浏览器中，"onMouseOver"（鼠标经过）和"onClick"（单击）行为是与链接相关的事件，而"onLoad"（载入）行为是与图像及文档相关的事件。一个单一的事件可以触发几个不同的动作，而且可以指定这些动作发生的顺序。

在【行为】面板中添加了一个动作，也就有了一个事件。当单击【行为】面板中事件名右边的 ▼ 按钮时，会弹出所有可以触发动作的【事件】菜单。这个菜单只有在一个事件被选中的时候才可见。选择不同的动作，【事件】菜单中会罗列出可以触发该动作的所有事件。不同的动作，所支持的事件也不同。

（二） 制作弹出式菜单

使用【弹出式菜单】行为可以在网页中实现类似 Windows 操作系统中的菜单效果，菜单可以随意展开或隐藏，可以将所有的分支栏目全部包含在菜单中，可以直接到达子页面，而不必逐级打开。下面介绍设置弹出式菜单的方法。

【操作步骤】

1. 选中标有"欢迎访问我的个人主页"字样的图像文件，并在【属性】面板中为其添加空链接"#"。

2. 在【行为】面板中单击 ➕ 按钮，在弹出的行为菜单中选择【显示弹出式菜单】命令，打开【显示弹出式菜单】对话框。

3. 在【文本】文本框中输入"宋馨华个人主页"，在【目标】下拉列表中选择"_blank"，在【链接】文本框中定义链接文件为"songxinhua.htm"，接着单击 ➕ 按钮添加其他菜单项，如图 12-5 所示。

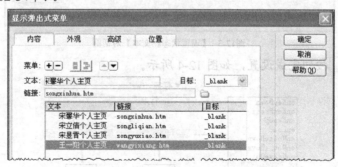

图12-5 添加菜单项

　单击 ➕ 按钮可以添加一个菜单项，单击 ➖ 按钮可以移除一个菜单项，单击 🔳 按钮使选中的菜单项成为下一级子菜单，单击 🔳 按钮使选中的菜单项成为与其父级菜单平级的菜单，单击 ▲ 按钮使选中的菜单项向上移动，单击 ▼ 按钮使选中的菜单项向下移动。

4. 切换至【外观】选项卡，设置菜单的外观参数，其中，一般状态选项组中【文本】的颜色为"#000000"，【单元格】的颜色为"#009933"，滑过状态选项组中【文本】的颜色为"#FFFFFF"，【单元格】的颜色为"#0000FF"，其他参数设置如图12-6所示。

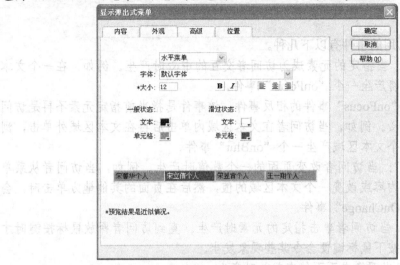

图12-6　设置【外观】选项卡

5. 切换至【高级】选项卡，将【单元格宽度】设置为"100 像素"，将【单元格高度】设置为"25 像素"，其他参数可根据个人喜好进行设置，如图12-7所示。

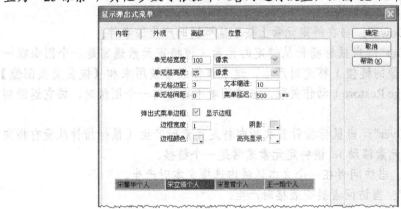

图12-7　设置【高级】选项卡

6. 切换至【位置】选项卡，在【菜单位置】选项中单击第 2 个按钮，并勾选【在发生onMouseOut 事件时隐藏菜单】复选框，如图12-8所示。

7. 单击 确定 按钮，完成弹出式菜单的设置工作，如图12-9所示。

图12-8　设置【位置】选项卡

图12-9　设置弹出式菜单

147

由于 IE 7.0 及以上浏览器与 IE 6.0 差别较大，弹出式菜单在 IE 6.0 中能够正常显示，但在 IE 7.0 及以上浏览器中不一定能够正常显示。

【知识链接】

在行为中比较常用的事件有以下几种。

- "onFocus"：当指定的元素成为访问者交互的中心时产生。例如，在一个文本区域中单击将产生一个 "onFocus" 事件。

- "onBlur"："onFocus" 事件的相反事件，该事件是指当前指定元素不再是访问者交互的中心。例如，当访问者在文本区域内单击后再在文本区域外单击，浏览器将为这个文本区域产生一个 "onBlur" 事件。

- "onChange"：当访问者改变页面的一个数值时产生。例如，当访问者从菜单中选择一条内容或改变一个文本区域的值，然后在页面的其他地方单击时，会产生一个 "OnChange" 事件。

- "onClick"：当访问者单击指定的元素时产生。直到访问者释放鼠标按键时才完成，只要按下鼠标键便会令某些现象发生。

- "onLoad"：当图像或页面结束载入时产生。

- "onUnload"：当访问者离开页面时产生。

- "onMouseMove"：当访问者指向一个特定元素并移动鼠标时产生（鼠标光标停留在元素的边界以内）。

- "onMouseDown"：当在特定元素上按下鼠标键时产生该事件。

- "onMouseOut"：当鼠标指针从特定的元素（该特定元素通常是一个图像或一个附加于图像的链接）移走时产生。这个事件经常被用来和【恢复交换图像】（Swap Image Restore）动作关联，当访问者不再指向一个图像时，将它返回到其初始状态。

- "onMouseOver"：当鼠标指针首次指向特定元素时产生（鼠标指针从没有指向元素向指向元素移动），该特定元素通常是一个链接。

- "onSelect"：当访问者在一个文本区域内选择文本时产生。

- "onSubmit"：当访问者提交表格时产生。

任务二 设置主体中的行为

下面设置网页主体部分的行为，包括"打开浏览器窗口"、"交换图像"、"Flash 的播放控制"以及"弹出消息"等。

（一） 打开浏览器窗口

使用【打开浏览器窗口】行为将打开一个新的浏览器窗口，在其中显示所指定的网页文档。用户可以指定这个新窗口的属性，包括尺寸、是否可以调节大小、是否有菜单栏等。下面介绍设置打开浏览器窗口的基本方法。

【操作步骤】

1. 选中"在线影视"图像，然后在【行为】面板中单击 **+** 按钮，从行为菜单中选择【打开浏览器窗口】命令，打开【打开浏览器窗口】对话框。

2. 单击 浏览... 按钮，选择文件"yingshi.htm"，将【窗口宽度】和【窗口高度】分别设置为"300"和"200"，勾选【菜单条】复选框，如图 12-10 所示。

> 如果不对窗口的属性进行设置，它就会以 640 像素×480 像素大小的窗口打开，而且有导航栏、地址栏、状态栏、菜单栏等。

3. 单击 确定 按钮，关闭对话框，在【行为】面板中将事件设置为"onClick"，如图 12-11 所示。

图12-10 【打开浏览器窗口】对话框

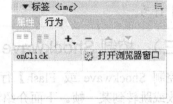

图12-11 设置打开浏览器窗口

4. 使用相同的方法设置"诗情画意"、"动画欣赏"和"幽默笑话"3 个图像的【打开浏览器窗口】行为。

> 由于 IE 7.0 及更高版本与 IE 6.0 差别较大，"打开浏览器窗口"在 IE 6.0 中能够按照预设的形式显示，而在 IE 7.0 及更高版本也可能会在新的选项卡窗口中显示，这与浏览器设置有关。

（二） 交换图像

【交换图像】行为可以将一个图像替换为另一个图像，这是通过改变图像的"src"属性实现的。可以使用【交换图像】行为来创建翻转的按钮或其他图像效果。下面介绍设置交换图像的基本方法。

【操作步骤】

1. 在文档中选定"在线影视"图像"images/button1-1.gif"，并确认在【属性】面板中已设置了图像名称，此处为"yingshi"。

> 交换图像行为在没有命名图像时仍然可以执行，它会在附加该动作到某对象时自动命名图像，但是如果预先命名图像，在操作中将更容易区分各图像。

2. 在【行为】面板中单击 **+** 按钮，从行为菜单中选择【交换图像】命令，打开【交换图像】对话框。

3. 在【图像】列表框中选择要改变的图像"yingshi"，在【设定原始档为】文本框中定义其要交换的图像文件"images/button1-2.gif"，然后勾选【预先载入图像】和【鼠标滑开时恢复图像】两个复选框，如图 12-12 所示。

> 【预先载入图像】选项用于在页面载入时，在浏览器的缓存中存入替换的图像，这样可以防止由于显示替换图像时需要下载而造成的时间延迟。

4. 单击 确定 按钮，完成交换图像行为的设置，如图 12-13 所示。

图12-12 【交换图像】对话框　　　　　　　　　图12-13 设置交换图像行为

5. 使用相同的方法设置"诗情画意"、"动画欣赏"和"幽默笑话"3 个图像的【交换图像】行为。

（三） 控制 Shockwave 或 Flash

【控制 Shockwave 或 Flash】行为可以控制 Shockwave 动画或 Flash 动画的播放、停止、重放或跳转到某一帧。下面介绍设置【控制 Shockwave 或 Flash】行为的基本方法。

【操作步骤】

1. 选定文档左下角的 Flash 动画，在其【属性】面板中将视频命名为"shouxihu"，并取消对【循环】和【自动播放】两个复选框的勾选，如图 12-14 所示。

图12-14 设置属性

必须命名这个动画，才能使用【控制 Shockwave 或 Flash】行为控制它。

2. 选定 Flash 动画右侧的文本"播放"，并为其添加空链接。

3. 在【行为】面板中单击 + 按钮，从行为菜单中选择【控制 Shockwave 或 Flash】命令，打开【控制 Shockwave 或 Flash】对话框。

4. 在【影片】下拉列表中选择命名"影片 shouxihu"，在【操作】选项组中选择【播放】单选按钮，如图 12-15 所示。

5. 单击 确定 按钮，关闭对话框，然后使用相同的方法为"停止"添加【停止】行为。

6. 在【行为】面板中将事件设置为"onClick"，如图 12-16 所示。

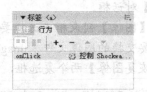

图12-15 【控制 Shockwave 或 Flash】对话框　　　　图12-16 设置控制 Shockwave 或 Flash 行为

7. 保存网页并按 F12 键进行预览，验证播放和停止链接的有效性。

（四） 弹出信息

在浏览网页时，用户可以在预下载的图像上单击鼠标右键，在弹出的快捷菜单中选择【图片另存为】命令，从而将网页中的图像下载到自己的计算机中。而添加了这个行为动作以后，当访问者单击鼠标右键时，就只能看到提示框，而看不到快捷菜单，这样就限制了用户使用鼠标右键来将图片下载至自己的计算机中。下面介绍设置弹出信息行为防止图像被下载的基本方法。

【操作步骤】

1. 在文档中选定人物图像"images/syx.jpg"，然后在【行为】面板中单击 + 按钮，从行为菜单中选择【弹出信息】命令，打开【弹出信息】对话框。
2. 在【弹出信息】对话框的【消息】文本框中输入提示信息，如图 12-17 所示。
3. 单击 ［ 确定 ］ 按钮，关闭对话框，然后在【行为】面板中选择【onMouseDown】事件，如图 12-18 所示。
4. 保存网页并按 F12 键进行预览，在该图像上单击鼠标左键或右键都会弹出信息提示框，如图 12-19 所示。

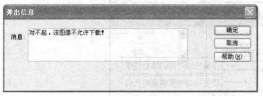
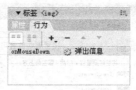

图12-17 【弹出信息】对话框　　图12-18 设置弹出信息行为　　图12-19 提示信息框

【知识链接】

下面对【播放声音】、【调用 JavaScript】和【拖动层】行为简要说明如下。

- 【播放声音】：用来播放声音和音乐文件。例如，在页面载入时自动播放一段音乐，或者当鼠标单击按钮时发出不同的声响。从行为菜单中选择【播放声音】命令，打开【播放声音】对话框进行设置即可，如图 12-20 所示。

图12-20 设置播放声音行为

- 【调用 JavaScript】：让用户通过【行为】面板指定一个自定义功能，或者当一个事件发生时执行一段 JavaScript 代码。用户可以自己编写或者使用各种可免费获取的 JavaScript 代码。例如，在文档窗口中输入文本"关闭窗口"，并为其添加空链接，然后在【行为】面板中打开【调用 JavaScript】对话框，输入要执行的代码或函数名，如"window.close()"，在【行为】面板中设置事件为"onClick"，如图 12-21 所示。在浏览器窗口中单击"关闭窗口"将关闭浏览器窗口。

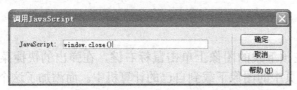

图12-21　调用 JavaScript

- 【拖动层】：在行为中还有一个与层有关的功能，即拖动层。在添加【拖动层】行为时，将打开【拖动层】对话框，该对话框有【基本】和【高级】两个选项卡，如图 12-22 所示。使用【拖动层】行为，在浏览网页时可以拖动层到页面的任意位置。

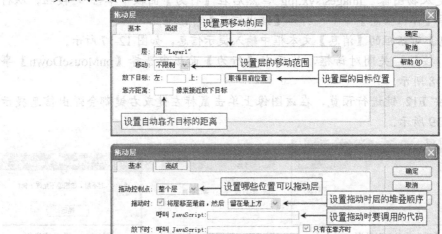

图12-22　【拖动层】对话框的【基本】和【高级】选项卡

项目实训　制作弹出式菜单

本项目介绍了行为在网页中的具体应用，通过本实训将让读者进一步巩固所学的基础知识。

要求：使用【弹出式菜单】行为创建如图 12-23 所示的网页菜单。

| 关于我们 | 班级相册 | 班级活动 | 班级往事 | 对外交往 | 班级论坛 |

图12-23　弹出式菜单

【操作步骤】

1. 插入一个 1 行 6 列的表格，表格 ID 为 "navmenu"，间距设为 "2"，然后设置单元格宽度为 "80 像素"，背景颜色为 "#0000FF"。

2. 在单元格中输入文本并添加空链接，然后创建高级 CSS 样式 "#navmenu a"，文本大小设置为 "14 像素"，颜色设置为 "#FFFFFF"，行高设置为 "25 像素"，无下画线。

3. 选中链接文本，在【行为】面板中单击 ＋ 按钮，从行为菜单中选择【显示弹出式菜单】命令，打开【显示弹出式菜单】对话框，添加内容并设置其他属性，其中班级相册的菜单设置如图 12-24 所示。

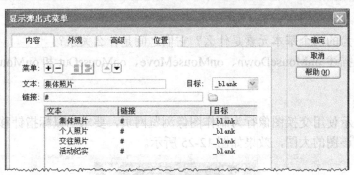

图12-24　设置菜单项

项目小结

本项目通过个人网页介绍了几种常用行为的基本功能，包括设置状态栏文本、弹出式菜单、打开浏览器窗口、交换图像、控制 Shockwave 或 Flash、弹出信息等。希望读者在掌握这些内容的基础上，对其他的行为也能够加以熟悉和了解。

思考与练习

一、填空题

1. 行为的基本元素有两个：事件和_____。
2. _____可以在网页中实现类似 Windows 操作系统中的菜单效果。
3. 当访问者改变页面的一个数值时产生_____事件。
4. 当在特定元素上按下鼠标键时产生_____事件。
5. 使用_____行为将打开一个新的浏览器窗口，在其中显示所指定的网页文档。
6. 交换图像行为是通过改变图像的_____属性实现的。

二、选择题

1. 打开【行为】面板的快捷键是（　　）。
   A. Shift+F1　　　　B. Shift+F4　　　　C. Shift+F5　　　　D. Shift+F9
2. 单击鼠标时将发生_____事件。
   A. onMouseOver　　B. onClick　　　　C. onStart　　　　D. onBlur
3. 当鼠标指针从特定的元素上移走时将发生（　　　）事件。
   A. onMouseOver　　B. onClick　　　　C. onMouseOut　　D. onBlur
4. （　　　）行为将显示一个提示信息框，给用户提供提示信息。
   A. 弹出信息　　　　　　　　　　　　B. 设置状态栏文本
   C. 交换图像　　　　　　　　　　　　D. 控制 Shockwave 或 Flash
5. 使用（　　　）行为，在浏览网页时可以拖动层到页面的任意位置。
   A. 弹出信息　　　B. 设置状态栏文本　　C. 交换图像　　D. 拖动层

三、简答题

1. 构成行为的两个基本元素是什么？它们之间是什么关系？

2. 请简要描述 onMouseDown、onMouseMove、onMouseOut 和 onMouseOver 4 个事件的含义。

四、操作题

根据操作提示使用交换图像行为制作图像浏览网页，要求当鼠标指针移到两侧的小图上时，在中间显示该图的大图，效果如图 12-25 所示。

图12-25　图像浏览网页

【操作提示】

（1）在网页中插入一个 2 行 3 列的表格，间距为"10"，居中对齐，然后将第 1 列和第 3 列单元格的宽度设置为"100 像素"，高度设置为"200 像素"，对中间一列的单元格进行合并，宽度设置为"300 像素"。

（2）在两侧的单元格中分别插入 4 幅小图像，然后在中间的单元格中插入另外一幅大图像，并设置其图像名称为"bigpic"。

（3）依次选中小图像，并在行为菜单中选择【交换图像】命令，在打开的【交换图像】对话框的【图像】列表框中均选择图像"bigpic"，在【设定原始档为】文本框中定义每幅小图相对应的大图地址，并将下面的两个复选框选中。

项目十三

表单——制作用户注册网页

表单是制作动态网页的基础，是用户与服务器之间信息交换的桥梁。一个具有完整功能的表单网页通常有两部分组成，一部分是用于搜集数据的表单页面，另一部分是处理数据的服务器端脚本或应用程序。本项目以图 13-1 所示的注册网页为例，介绍创建表单网页的基本方法，如何编写应用程序将在后续项目中加以介绍。在本项目中，首先向网页中添加各种表单对象，然后使用检查表单行为等方法验证表单。

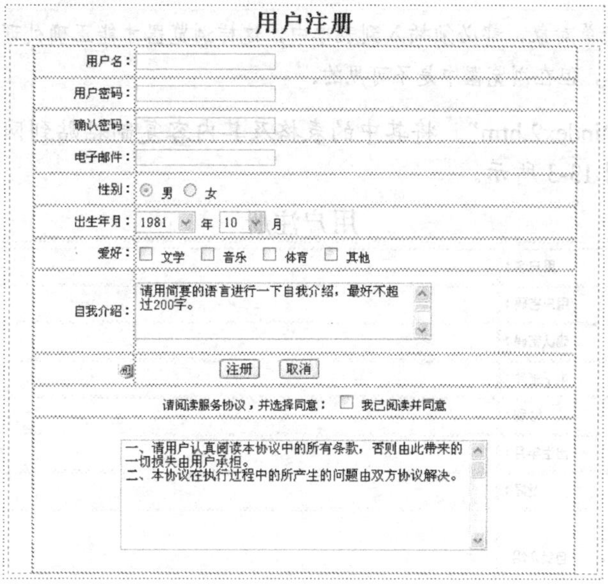

图13-1　用户注册网页

学习目标

掌握表单的概念及其作用。

掌握制作表单网页的基本方法。

掌握使用行为验证表单的基本方法。

【设计思路】

在各大网站中，用户注册功能基本都要用到，不管界面和形式有何差别，但大同小异，本质是一样的。本项目设计的是用户注册网页，主要用于收集用户相关信息。在网页制作过程中，主要使用表格技术对表单对象进行布局，使页面显得整齐划一。

任务一 创建表单

在 Dreamweaver 8 中，表单输入类型称为表单对象或表单元素。下面介绍插入表单及文本域、文本区域、单选按钮、复选框、列表/菜单、隐藏域、按钮以及设置其属性的方法。

【操作步骤】

1. 定义一个本地静态站点，然后将素材文件复制到站点根文件夹下，并打开网页文件"index.htm"。

2. 将鼠标光标置于第 2 行单元格中，然后在菜单栏中选择【插入】→【表单】→【表单】命令，或在【插入】→【表单】面板中单击 （表单）按钮插入一个空白表单，如图 13-2 所示。

用户注册

图13-2 插入表单

 任何其他表单对象，都必须插入到表单中，这样浏览器才能正确处理这些数据。表单将以红色虚线框显示，但在浏览器中是不可见的。

3. 打开网页文件"index2.htm"。将其中的表格及其内容复制粘贴到网页文件"index.htm"的表单中，如图 13-3 所示。

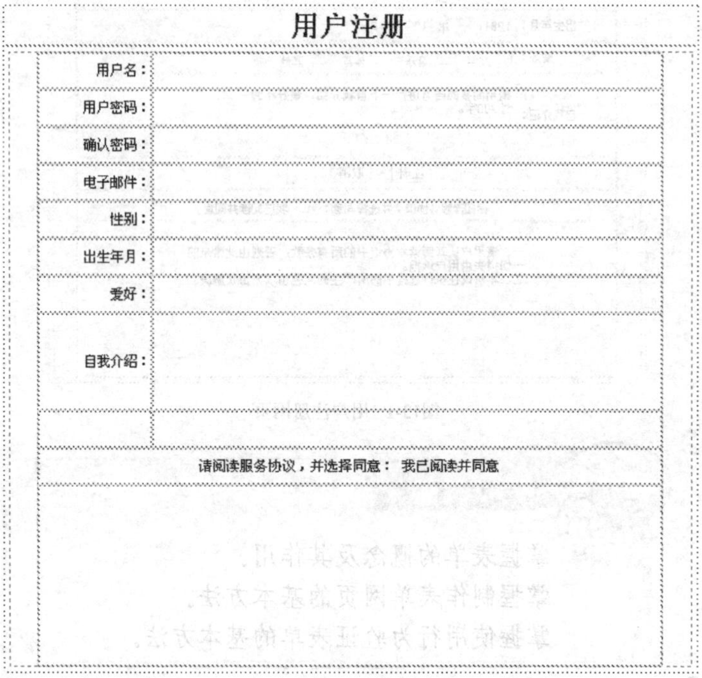

用户注册

用户名：	
用户密码：	
确认密码：	
电子邮件：	
性别：	
出生年月：	
爱好：	
目我介绍：	
请阅读服务协议，并选择同意：我已阅读并同意	

图13-3 复制粘贴表格

4. 将鼠标光标置于"用户名："右侧单元格中，然后在菜单栏中选择【插入】→【表单】→【文本域】命令，如果弹出【输入标签辅助功能属性】对话框，单击下面的链接，在弹出的【首选参数】对话框中修改首选参数，取消对【表单对象】复选框的勾选，这样在插入表单对象时就不会弹出【输入标签辅助功能属性】对话框而是直接插入表单，如图 13-4 所示。

当然也可以直接单击 取消 按钮，跳过这一步。但每次插入表单域时，都会出现此对话框，比较麻烦。

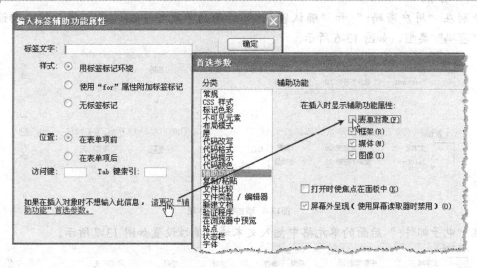

图13-4 修改首选参数

5. 选中插入的文本域，在【属性】面板中设置各项属性，如图 13-5 所示。

图13-5 文本域【属性】面板

【知识链接】

下面对文本域【属性】面板的各项参数简要说明如下。

- 【文本域】：用于设置文本域的唯一名称，为文本域指定的名称是存储该域值的变量名，以便发送给服务器进行数据处理。
- 【字符宽度】：用于设置文本域的显示宽度。
- 【最多字符数】：当文本域的【类型】选项设置为"单行"或"密码"时，该属性用于设置最多可向文本域中输入的字符数。
- 【初始值】：用于设置在首次载入表单时文本域中默认显示的值。例如，通过包含说明或示例值，可以指示用户在域中输入信息。
- 【类型】：用于设置文本域的类型，包括【单行】、【多行】和【密码】3 个选项。当选择【密码】选项并向密码文本域输入密码时，这种类型的文本内容显示为"*"号。当选择【多行】选项时，文档中的文本域将会变为文本区域。此时文本域【属性】面板中的【字符宽度】选项指的是文本域的宽度，默认值为 24 个字符，【行数】默认值为"3"。

- 【换行】：其下拉列表中有【默认】、【关】、【虚拟】和【实体】4 个选项。当选择【关】选项时，如果单行的字符数大于文本域的字符宽度，那么行中的信息不会自动换行，而是出现水平滚动条。当选择其他 3 个选项时，如果单行的字符数大于文本域的字符宽度，那么行中的信息自动换行，不出现水平滚动条。

6. 分别在"用户密码:"和"确认密码:"后面的单元格中插入文本域，将它们设置为"密码"类型，如图 13-6 所示。

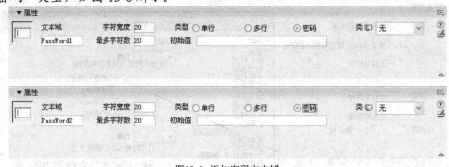

图13-6 添加密码文本域

7. 在"电子邮件:"后面的单元格中插入文本域，属性设置如图 13-7 所示。

图13-7 电子邮件文本域属性

8. 将鼠标光标置于"性别:"后面的单元格内，然后在菜单栏中选择【插入】→【表单】→【单选按钮】命令，插入两个单选按钮，在【属性】面板中设置其属性参数，然后分别在两个单选按钮的后面输入文本"男"和"女"，如图 13-8 所示。

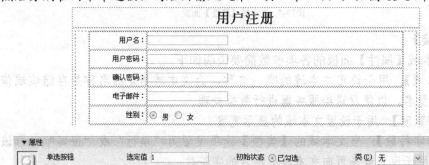

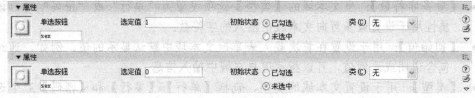

图13-8 插入单选按钮

【知识链接】

单选按钮【属性】面板的各项参数简要说明如下。

- 【单选按钮】：用于设置单选按钮的名称，所有同一组的单选按钮必须有相同的名字。

- 【选定值】：用于设置提交表单时单选按钮传送给服务端表单处理程序的值，同一组单选按钮应设置不同的值。
- 【初始状态】：用于设置单选按钮的初始状态是已被选中还是未被选中，同一组内的单选按钮只能有一个初始状态是"已勾选"。

单选按钮一般以两个或者两个以上的形式出现，它的作用是让用户在两个或者多个选项中选择一项。既然单选按钮的名称都是一样的，那么依据什么来判断哪个按钮被选定呢？因为单选按钮是具有唯一性的，即多个单选按钮只能有一个被选定，所以【选定值】选项就是判断的唯一依据。每个单选按钮的【选定值】选项被设置为不同的数值，如性别"男"的单选按钮的【选定值】选项被设置为"1"，性别"女"的单选按钮的【选定值】选项被设置为"0"。

另外，在菜单栏中选择【插入】→【表单】→【单选按钮组】命令，可以一次性在表单中插入多个单选按钮。

9. 将鼠标光标置于"出生年月:"后面的单元格内，然后在菜单栏中选择【插入】→【表单】→【列表/菜单】命令，插入两个【列表/菜单】域，分别代表"年"、"月"，如图 13-9 所示。

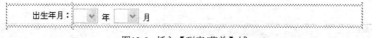

图13-9　插入【列表/菜单】域

10. 选定代表"年"的表单域，在【属性】面板中单击 列表值... 按钮，打开【列表值】对话框，添加【项目标签】和【值】，如图 13-10 所示。

图13-10　添加【列表/菜单】的内容

11. 在【属性】面板中将名称设置为"dateyear"，如图 13-11 所示。如果有必要还可以设置初始化选项，这里不进行设置。

图13-11　列表/菜单【属性】面板

【知识链接】

列表/菜单【属性】面板的各项参数简要说明如下。

- 【列表/菜单】：用于设置【列表/菜单】域的名称。
- 【类型】：用于设置是下拉菜单还是滚动列表。

  将列表/菜单【属性】面板中的【类型】选项设置为【列表】时，【高度】选项和【选定范围】选项为可选。其中的【高度】选项是列表框中文档的高度，"1"表示在列表中显示 1 个选项。【选定范围】选项用于设置是否允许多项选择，勾选表示允许，否则为不允许。

当在列表/菜单【属性】面板中将【类型】选项设置为【菜单】时，【高度】和【选定范围】选项为不可选，在【初始化时选定】列表框中只能选择 1 个初始选项，文档窗口的下拉菜单中只显示 1 个选择的条目，而不是显示整个条目表。

- 列表值… 按钮：单击此按钮将打开【列表值】对话框，在这个对话框中可以增减和修改【列表/菜单】的内容。每项内容都有一个项目标签和一个值，标签将显示在浏览器的【列表/菜单】域中。当列表或者菜单中的某项内容被选中，提交表单时它对应的值就会被传送到服务器端的表单处理程序，若没有对应的值，则传送标签本身。
- 【初始化时选定】：文本列表框内首先显示列表/菜单的内容，然后可在其中设置列表/菜单的初始选项。单击欲作为初始选择的选项。若【类型】选项设置为【列表】，则可初始选择多个选项。若【类型】选项设置为【菜单】，则只能初始选择 1 个选项。

12. 用相同的方法设置代表"月"的菜单域，其中"月"的列表值从"1"到"12"，如图 13-12 所示。

图13-12 设置代表"月"的菜单

13. 将鼠标光标置于"爱好："后面的单元格内，然后在菜单栏中选择【插入】→【表单】→【复选框】命令，插入 4 个复选框，其中第一个复选框的参数设置如图 13-13 所示，其他参数的设置依次类推。

图13-13 添加复选框

【知识链接】

复选框【属性】面板的各项参数简要说明如下。

- 【复选框名称】：用来定义复选框名称。
- 【选定值】：用来判断复选框被选定与否，是提交表单时复选框传送给服务端表单处理程序的值。
- 【初始状态】：用来设置复选框的初始状态是"已勾选"还是"未选中"。

由于复选框在表单中一般都不单独出现，而是多个复选框同时使用，因此其【选定值】就显得格外重要。另外，复选框的名称最好与其说明性文字发生联系，这样在表单脚本程序的编制中将会节省许多时间和精力。

14. 将鼠标光标置于"自我介绍："后面的单元格内，然后在菜单栏中选择【插入】→【表单】→【文本域】命令，插入一个文本区域，如图 13-14 所示。

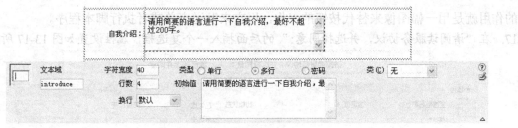

图13-14 插入文本区域

15. 将鼠标光标置于"自我介绍"下面的单元格内，然后在菜单栏中选择【插入】→【表单】→【隐藏区域】命令，插入一个隐藏区域来记录用户的注册时间，在【属性】面板中设置其属性参数，如图 13-15 所示。

图13-15 插入隐藏区域

【知识链接】

隐藏区域主要用来存储并提交非用户输入信息，如注册时间、认证号等，这些都需要使用 JavaScript、ASP 等来编写，当然也可以根据需要直接输入文本或数字等内容。隐藏区域在网页中一般不显现。【属性】面板中的【隐藏区域】文本框主要用来设置隐藏区域的名称，【值】文本框内可以输入 ASP 代码，如"<% =Date() %>"，其中"<%...%>"是 ASP 代码的开始、结束标志，而"Date()"表示当前的系统日期（如 2012-10-10），如果换成"Now()"则表示当前的系统日期和时间（如 2012-10-10 10:16:44），而"Time()"则表示当前的系统时间（如 10:16:44）。

16. 将鼠标光标置于"自我介绍:"下面的第 2 个单元格内，然后在菜单栏中选择【插入】→【表单】→【按钮】命令，插入两个按钮，并在【属性】面板中设置其属性参数，如图 13-16 所示。

图13-16 插入按钮

【知识链接】

按钮【属性】面板的各项参数简要说明如下。

- 【按钮名称】：用于设置按钮的名称。
- 【值】：用于设置按钮上的文字，一般为"确定"、"提交"、"注册"等。
- 【动作】：用于设置单击该按钮后进行什么程序，有 3 个选项。【提交表单】表示单击该按钮后，将表单中的数据提交给表单处理应用程序。【重设表单】表示单击该按钮后，表单中的数据将分别恢复到初始值。【无】表示单击该按钮后，表单中的数据既不提交也不重设。

在菜单栏中选择【插入】→【表单】→【图像域】命令，可以插入一个图像域。图像域的作用就是用一幅图像来替代按钮的工作，用它来发送表单或者执行脚本程序。

17. 在"请阅读服务协议，并选择同意："的后面插入一个复选框，属性设置如图 13-17 所示。

图13-17 复选框属性设置

18. 在"请阅读服务协议，并选择同意："下面的单元格内插入一个文本域，属性设置如图 13-18 所示。

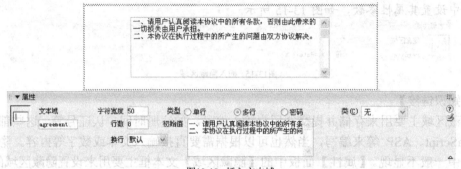

图13-18 插入文本域

19. 保证刚插入的文本区域处于选中状态，然后切换到【代码】视图，在"textarea"标签中加入代码"readonly="readonly""，设置该文本区域的内容为"只读"，如图 13-19 所示。

`<textarea name="agreement" cols="50" rows="8" id="agreement" readonly="readonly">`

图13-19 设置只读属性

20. 将鼠标光标置于表单内，单击左下方的"<form>"标签选中整个表单，可以在【属性】面板中设置表单属性，此处暂不设置，如图 13-20 所示。

图13-20 表单属性

【知识链接】

表单【属性】面板中的各项参数简要说明如下。

- 【表单名称】：用于设置标识该表单的唯一名称，以便在脚本程序（ASP、JavaScript）中引用该表单。
- 【动作】：用于设置处理该表单的动态页、脚本路径或电子邮件地址。
- 【方法】：用于设置将表单内的数据传送给服务器的方法，共有 3 个选项。"GET"是指将表单内的数据附加到 URL 后面传送给服务器，不适用表单内容比较多的情况。"POST"将在 HTTP 请求中嵌入表单数据，在理论上不限制表单的长度。"默认"是指用浏览器默认的传送方式，一般默认为"GET"。
- 【目标】：用于指定一个窗口，这个窗口中显示应用程序或者脚本程序将表单处理完成以后所显示的结果。

- **【MIME 类型】**：用于设置对提交给服务器进行处理的数据使用哪种编码类型，默认设置为 "application/x-www-form-urlencoded"，常与 "POST" 方法协同使用。如果要创建文件上传域，应指定 "multipart/form-data" 类型。

至此，制作注册表单的任务就完成了。

【知识链接】

表单本身只是有装载的功能，在表单中添加表单对象后才能有实际的作用。常用的表单对象已经介绍完毕，下面对实例中未涉及的其他表单对象进行简要说明。

在菜单栏中选择【插入】→【表单】→【文件域】命令可以插入一个文件域，文件域的作用是使用户可以浏览并选择本地计算机上的某个文件，以便将该文件作为表单数据进行上传。当然，真正上传文件还需要相应的上传组件才能进行，文件域仅仅是起供用户浏览选择计算机上文件的作用，并不起上传的作用。

在菜单栏中选择【插入】→【表单】→【跳转菜单】命令，可以在页面中插入跳转菜单，【插入跳转菜单】对话框如图 13-21 所示。跳转菜单的外观和菜单相似，不同的是跳转菜单具有超级链接功能。但是一旦在文档中插入了跳转菜单，就无法再对其进行修改了。如果要修改，只能将菜单删除，然后再重新创建一个。这样做非常麻烦，而 Dreamweaver 8 所设置的【跳转菜单】行为，可以弥补这个缺陷。分别选定跳转菜单域和按钮，在【行为】面板中选择【跳转菜单】和【跳转菜单开始】选项，将再次打开【跳转菜单】和【跳转菜单开始】对话框，然后进行修改即可。

图13-21　插入跳转菜单

在菜单栏中选择【插入】→【表单】→【字段集】命令，可以在页面中插入一个字段集。使用字段集可以在页面中显示一个圆角矩形框，将一些相关的内容放在一起。可以先插入字段集，然后再在其中插入相关的内容。也可以先插入内容，然后将其选择再插入字段集，如图 13-22 所示。

图13-22　文件域、跳转菜单和字段集

任务二 验证表单

表单在提交到服务器端以前，必须进行验证。下面介绍验证表单的基本方法。

【操作步骤】

1. 将鼠标光标置于表单内，单击左下方的"<form>"标签，选中整个表单，然后在菜单栏中选择【窗口】→【行为】命令，打开【行为】面板，单击 +. 按钮，在弹出的菜单中选择【检查表单】命令，打开【检查表单】对话框，如图 13-23 所示。

2. 将"UserName"、"E-mail"、"PassWord1"、"PassWord2"的【值】设置为【必需的】，其中"E-mail"的【可接受】选项设置为"电子邮件地址"，其他 3 个【可接受】选项设置为"任何东西"，并将"introduce"的【可接受】选项设置为"任何东西"，然后单击 确定 按钮完成设置。

3. 在【行为】面板中检查默认事件是否是"onSubmit"，如图 13-24 所示。

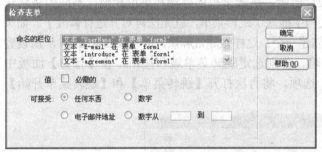

图13-23 【检查表单】对话框

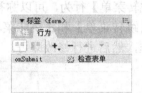

图13-24 设置事件

> 当表单被提交时（"onSubmit"大小写不能随意更改），验证程序会自动启动，必填项如果为空则发生警告，提示用户重新填写，如果不为空则提交表单。确认密码无法使用行为来检验，但可以通过简单的 JavaScript 来验证。

4. 在表单中右键单击 注册 按钮，在弹出的菜单中选择【编辑标签〔E〕<input>】命令，打开【标签编辑器－input】对话框，如图 13-25 所示。

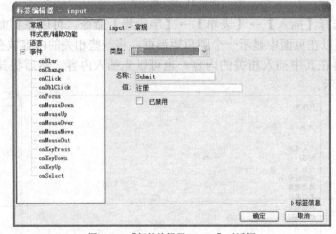

图13-25 【标签编辑器—input】对话框

5. 在对话框中选中"onClick"事件，在右侧的文本框中输入图 13-26 所示的代码，然后单击 确定 按钮完成设置并保存网页。

6. 预览网页，当两次输入的密码不相同，单击 注册 按钮时会自动弹出警示框，单击 确定 按钮，表单不提交，回到密码域中，如图 13-27 所示。

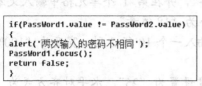

```
if(PassWord1.value != PassWord2.value)
{
alert('两次输入的密码不相同');
PassWord1.focus();
return false;
}
```

图13-26 输入代码

图13-27 提示框

7. 重新对 注册 按钮的"onClick"事件进行编辑，在原有代码的基础上接着添加图 13-28 所示的代码。

8. 保存网页后再次预览网页，两次输入相同的 3 位密码，也会出现警告窗口，如图 13-29 所示。

```
else if(PassWord1.value.length<6 || PassWord1.value.length>10)
{
  alert('密码长度不能少于6位，多于10位！');
  PassWord1.focus();
  return false;
}
```

图13-28 添加代码

图13-29 提示框

验证表单的工作至此就完成了。

项目实训 制作表单网页

本项目介绍了表单在网页中的具体应用，通过本实训将让读者进一步巩固所学的基础知识。

要求：使用表单创建图 13-30 所示的"注册邮箱申请单"网页。

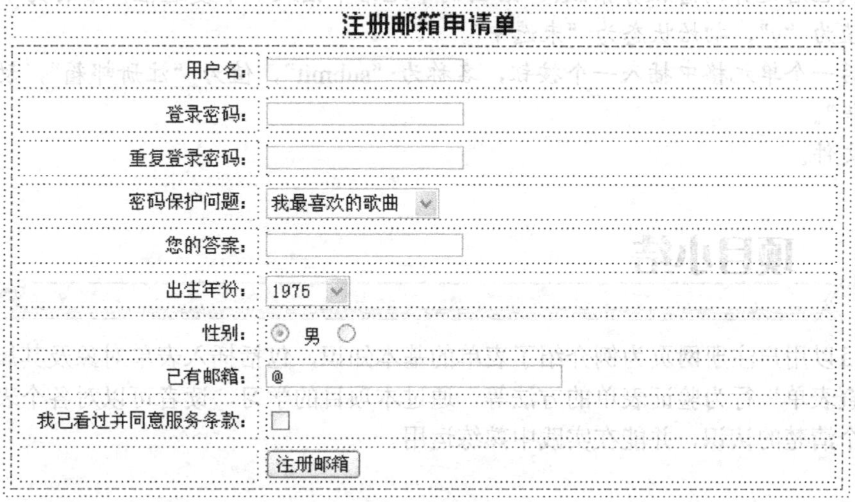

	注册邮箱申请单
用户名：	
登录密码：	
重复登录密码：	
密码保护问题：	我最喜欢的歌曲 ∨
您的答案：	
出生年份：	1975 ∨
性别：	⊙ 男 ○
已有邮箱：	@
我已看过并同意服务条款：	□
	注册邮箱

图13-30 表单网页

【操作步骤】

1. 新建一个网页并设置其页面属性，文本大小为"12 像素"。

2. 插入一个 2 行 1 列的表格，表格宽度为"600 像素"， 间距为"5"，边距和边框均为 "0"。

3. 设置两个单元格的水平对齐方式均为"居中对齐"，并在第 1 个单元格中输入文本"注 册邮箱申请单"，设置文本字体为"黑体"，大小为"18 像素"。

4. 在第 2 个单元格中插入一个表单，在表单中再插入一个 10 行 2 列、宽度为"100%"的 表格，间距为"5"，边距和边框均为"0"。

5. 选择第 1 列单元格，宽度设置为"30%"，高度设置为"25"，水平对齐方式为"右对 齐"，并在其中输入提示性文本，选择第 2 列单元格，设置水平对齐方式为"左 对齐"。

6. 在"用户名:"后面的单元格中插入单行文本域，名称为"username"，字符宽度为 "20"。

7. 在"登录密码:"和"重复登录密码:"后面的单元格中分别插入密码文本域，名称分 别为"passw"和"passw2"，字符宽度均为"20"。

8. 在"密码保护问题:"后面的单元格中插入菜单域，名称为"question"，并在【列表 值】对话框中添加项目标签和值。

9. 在"您的答案:"后面的单元格中插入单行文本域，名称为"answer"，字符宽度为 "20"。

10. 在"出生年份:"后面的单元格中插入菜单域，名称为"birthyear"，并在【列表值】对 话框中添加项目标签和值。

11. 在"性别:"后面的单元格中插入两个单选按钮，名称均为"sex"，选定值分别为"1" 和"2"，初始状态分别为"已勾选"和"未选中"。

12. 在"已有邮箱:"后面的单元格中插入单行文本域，名称为"email"，字符宽度为 "30"，初始值为"@"。

13. 在"我已看过并同意服务条款:"后面的单元格中插入一个复选框，名称为"tongyi"， 选定值为"y"，初始状态为"未选中"。

14. 在最后一个单元格中插入一个按钮，名称为"submit"，值为"注册邮箱"，动作为"提 交表单"。

15. 保存文件。

 # 项目小结

本项目以用户注册网页为例介绍了表单的基本知识，包括插入表单对象及其属性设置、 利用"检查表单"行为验证表单的方法等。通过本项目的学习，读者可以对各个表单对象的 作用有一个清楚的认识，并能在实践中熟练运用。

思考与练习

一、填空题

1. 文本域等表单对象都必须插入到_____中，这样浏览器才能正确处理其中的数据。

2. 按钮的【属性】面板提供了按钮的 3 种动作，即_____、重置表单和无。

3. _____的作用就是用一幅图像来替代按钮的工作，用它来发送表单或者执行脚本程序。

4. _____的作用在于发送信息、执行脚本程序和重置表单，这是表单页收尾的工作。

5. 表单在提交到服务器端以前必须进行验证，在 Dreamweaver 8 中可以使用【_____】行为对表单进行基本的验证设置。

二、选择题

1. 选择菜单栏中的【插入】→【表单】→【表单】命令，将在文档中插入一个表单域，下面关于表单域的描述正确的是（　　　　）。

　　A. 表单域的大小可以手工设置

　　B. 表单域的大小是固定的

　　C. 表单域会自动调整大小以容纳表单域中的元素

　　D. 表单域的红色边框线会显示在页面上

2. 以下不属于表单元素的是（　　　　）。

　　A. 单选按钮　　　B. 层　　　　C. 复选框　　　　D. 文本域

3. 关于文本域的说法错误的是（　　　　）。

　　A. 在【属性】面板中可以设置文本域的字符宽度

　　B. 在【属性】面板中可以设置文本域的字符高度

　　C. 在【属性】面板中可以设置文本域所能接受的最多字符数

　　D. 在【属性】面板中可以设置文本域的初始值

4. 在表单元素中，（　　　　）在网页中一般不显现。

　　A. 隐藏区域　　　B. 文本域　　　　C. 文件域　　　　D. 文本区域

5. 使用（　　　）可以在页面中显示一个圆角矩形框，将一些相关的表单元素放在一起。

　　A. 文本域　　　　B. 表单　　　　C. 文本区域　　　　D. 字段集

6. 下面不能用于输入文本的表单对象是（　　　　）。

　　A. 文本域　　　　B. 文本区域　　　C. 密码域　　　　D. 文件域

7. 具有超级链接功能的表单对象是（　　　）。

　　A. 跳转菜单　　　B. 按钮　　　　C. 列表　　　　D. 菜单域

三、简答题

1. 常用的表单对象有哪些？

2. 根据自己的理解简要说明单选按钮和复选框在使用上有什么不同点。

四、操作题

制作如图 13-31 所示的表单网页。

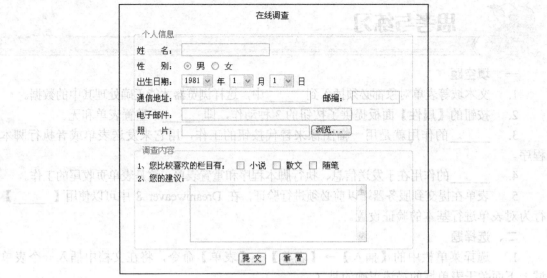

图13-31　在线调查

【操作提示】

（1）新建一个网页并插入相应的表单对象。

（2）表单对象的名称等属性不作统一要求，读者可根据需要自行设置。

（3）整个表单内容分为"个人信息"和"调查内容"两部分，使用表单对象"字段集"进行区域划分。

（4）使用"检查表单"行为设置"姓名"、"通信地址"、"邮编"和"电子邮件"为必填项，同时设置"邮编"仅接受数字，"电子邮件"检查其格式的合法性。

项目十四

ASP——制作在线咨询系统

在实际制作网页的过程中，读者可能需要经常制作带有后台数据库的交互式网页。本项目以图 14-1 所示的咨询网页为例，介绍在 Dreamweaver 8 中通过服务器行为创建 ASP 应用程序的基本方法。在项目中，首先定义站点并创建数据库连接，然后制作用户咨询页面和咨询回复页面，最后介绍限制用户对网页的访问以及登录和注销的方法。

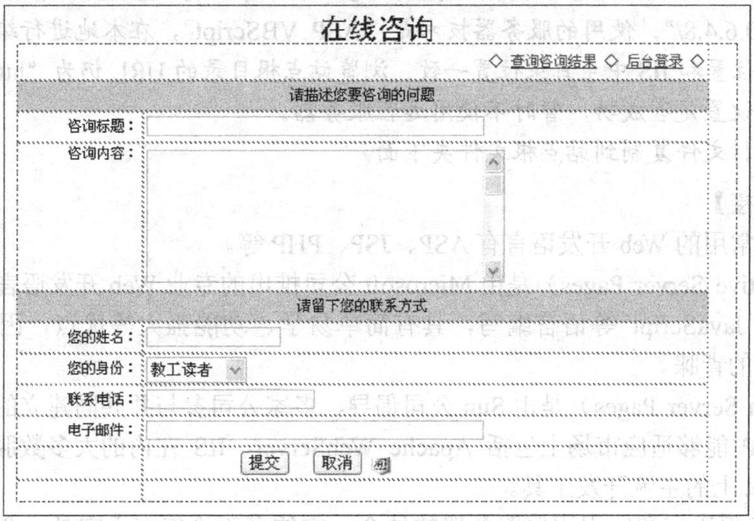

在线咨询

◇ 查询咨询结果 ◇ 后台登录 ◇

请描述您要咨询的问题

咨询标题：
咨询内容：

请留下您的联系方式

您的姓名：
您的身份： 教工读者
联系电话：
电子邮件：

提交 取消

图14-1 在线咨询

学习目标

学会创建数据库连接的基本方法。
学会制作数据列表及分页的基本方法。
学会插入和更新数据库记录的基本方法。
学会设置网页参数传递的基本方法。
学会限制用户对网页的访问的基本方法。
学会用户登录和注销的基本方法。

【设计思路】

本项目设计的是在线咨询网页，如果说之前各个项目训练的重点都是静态网页的设计和制作，那么本项目训练的则是动态网页的制作方法，即 ASP 应用程序的设置。在线咨询系统涉及多个网页，这些网页已经提前制作好，在项目中主要是设置应用程序的各项功能。

任务一　定义站点并创建数据库连接

在制作带有后台数据库的交互式网页之前，首先需要做好 3 方面的工作。一是定义可以使用脚本语言的站点，二是创建数据库，三是创建数据库连接。

（一）　定义站点

在制作交互式网页之前，需要设置好 IIS 服务器并在 Dreamweaver 中定义使用脚本语言的站点。为了便于测试，建议直接在本机上安装并配置 IIS 服务器。

【操作步骤】

1. 在硬盘上创建一个文件夹，然后在 IIS 服务器中将该文件夹设置为站点主目录，将主页文档设置为 "index.asp"。
2. 在 Dreamweaver 8 中定义站点，为站点起一个名字，并设置站点的 HTTP 地址，如 "http://10.6.4.8/"。使用的服务器技术是 "ASP VBScript"，在本地进行编辑和测试，文件的存储位置和 IIS 中主目录位置一致。浏览站点根目录的 URL 仍为 "http://10.6.4.8/"，最后测试设置是否成功，暂时不使用远程服务器。
3. 将项目素材文件复制到站点根文件夹下面。

【知识链接】

制作网页常用的 Web 开发语言有 ASP、JSP、PHP 等。

ASP（Active Server Pages）是由 Microsoft 公司推出的专业 Web 开发语言。ASP 可以使用 VBScript、JavaScript 等语言编写，具有简单易学、功能强大等优点，因此受到了广大 Web 开发人员的青睐。

JSP（Java Server Pages）是由 Sun 公司倡导、多家公司参与并共同建立的一种动态网页技术标准。JSP 能够适应市场上包括 Apache WebServer、IIS 在内的大多数服务器产品，逐渐成为 Internet 上的主流开发工具。

PHP 是编程语言和应用程序服务器的结合，它的真正价值在于它是一个应用程序服务器。PHP 遵循 GUN 约定，任何人都可以免费使用，并自由修改源代码。用户可通过 PHP 站点和邮件列表等方式获得技术上的支持。

（二）　创建数据库

本项目创建的数据库是 Access 数据库 "#zixun_db.mdb"，位于文件夹 "data" 中，该数据库包括两个数据表：optioner 和 content，如表 14-1 和表 14-2 所示。这些数据表的创建都是与应用程序的实际需要密切相关的，其中 optioner 表用来保存管理员信息，content 表用来保存咨询信息。

表 14-1　　　　　　　　　　　　　optioner 表的字段名和相关含义

字段名	数据类型	字段大小	说明
UserID	自动编号	长整型	用户编号
UserName	文本	50	用户名

续　表

字段名	数据类型	字段大小	说明
Pword	文本	50	密码
Sex	数字	长整型	性别
E-mail	文本	100	电子邮件地址

表 14-2　　　　　　　　　　content 表的字段名和相关含义

字段名	数据类型	字段大小	说明
ID	自动编号	长整型	编号
title	文本	200	读者提问的标题
question	备注	-	读者提问的问题
answer	备注	-	问题的解答，默认"未答复"
user	文本	50	咨询者
identity	文本	20	身份
telephone	文本	50	电话
E-mail	文本	50	电子邮件
dateandtime	日期→时间	-	日期

（三）　创建数据库链接

要在网页中使用数据库，首先必须成功连接数据库。连接数据库一般采用两种方式：ODBC 和 OLE DB。如果自己拥有服务器，可以使用 ODBC 方式，这种方式比较安全。如果自己没有服务器，使用的是租用的空间，则使用 OLE DB 方式。由于 OLE DB 方式能够提供对数据更有效的访问，而且 Microsoft 公司正逐步用 OLE DB 取代 ODBC 标准，因此本项目连接数据库使用的是 OLE DB 方式。下面介绍创建数据库连接的方法。

【操作步骤】

1.　打开"index.asp"文件，在菜单栏中选择【窗口】→【数据库】命令，打开【数据库】面板，如图 14-2 所示。

2.　在【数据库】面板中单击 ⊞ 按钮，在弹出的菜单中选择【自定义连接字符串】命令，打开【自定义连接字符串】对话框，参数设置如图 14-3 所示。

图14-2　【数据库】面板

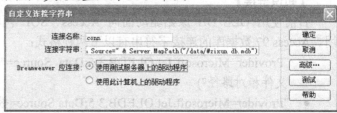

图14-3　【自定义连接字符串】对话框

【知识链接】

【连接名称】可以自定义，一般将其命名为"conn"。

在【连接字符串】文本框中输入的是："Provider=Microsoft.Jet.OLEDB.4.0;Data Source=" & Server.MapPath("/data/#zixun_db.mdb")。

如果连接字符串中使用的是虚拟路径"/data/#zixun_db.mdb"，则必须选择【使用测试服务器上的驱动程序】单选按钮。如果连接字符串中使用的是物理路径，则必须选择【使用此计算机上的驱动程序】单选按钮。

3. 单击 ┌─测试─┐ 按钮，稍等片刻会弹出"成功创建连接脚本"的消息提示框，说明设置成功，如图 14-4 所示。

4. 测试成功后，在【自定义连接字符串】对话框中单击 ┌─确定─┐ 按钮关闭对话框，然后在【数据库】面板中展开创建的连接，会看到数据库中包含的表名及表中的各字段，如图 14-5 所示。

图14-4 消息框

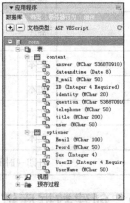

图14-5 创建数据库连接

5. 成功创建连接后，系统自动在站点管理器的文件列表中创建专门用于存放连接字符串的文档"conn.asp"及其文件夹"Connections"，打开该文件并切换到【代码】视图，可以看到创建的连接字符串在文档中显示出来，如图 14-6 所示。

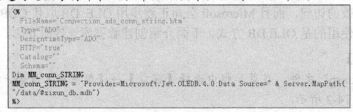

图14-6 "conn.asp"中的代码

【知识链接】

目前使用 OLE DB 原始驱动面向 Access、SQL 两种数据库的连接字符串已被广泛使用。Access 97 数据库的连接字符串有以下两种格式：

- "Provider=Microsoft.Jet.OLEDB.3.5;Data Source=" & Server.MapPath ("数据库文件相对路径")
- "Provider=Microsoft.Jet.OLEDB.3.5;Data Source=数据库文件物理路径"

Access 2000～Access 2003 数据库的连接字符串有以下两种格式：

- "Provider=Microsoft.Jet.OLEDB.4.0;Data Source=" & Server.MapPath("数据库文件相对路径")
- "Provider=Microsoft.Jet.OLEDB.4.0;Data Source=数据库文件物理路径"

Access 2007 数据库的连接字符串有以下两种格式：

- "Provider=Microsoft.ACE.OLEDB.12.0;Data Source= "& Server.MapPath ("数据库文件相对路径")
- "Provider=Microsoft.ACE.OLEDB.12.0;Data Source=数据库文件物理路径"

SQL 数据库的连接字符串格式如下：

"PROVIDER=SQLOLEDB;DATA SOURCE=SQL 服务器名称或 IP 地址;UID=用户名;PWD=数据库密码;DATABASE=数据库名称"

不同的 Access 版本会使用不同的连接字符串，但连接字符串是向下兼容的，也就是说如果使用针对 Access 97 的连接字符串，对于 Access 2000 也是有效的，但反过来则是无效的。代码中的"Server.MapPath()"指的是文件的虚拟路径，使用它可以不理会文件具体存在于服务器的哪一个分区下面，只要使用相对于网站根目录或者相对于文档的路径就可以了。

使用 ODBC 原始驱动面向 Access 数据库的字符串连接格式如下：

- "DRIVER={Microsoft Access Driver (*.mdb)};DBQ=" & Server.MapPath ("数据库文件的相对路径")
- "DRIVER={Microsoft Access Driver (*.mdb)};DBQ=数据库文件的物理路径"

使用 ODBC 原始驱动面向 SQL 数据库的字符串连接格式如下：

"DRIVER={SQL Server};SERVER=SQL 服务器名称或 IP 地址;UID=用户名;PWD=数据库密码;DATABASE=数据库名称"

任务二　制作用户咨询页面

本任务主要制作用户咨询相关页面，涉及的知识点有插入记录、记录集、动态文本、重复区域、记录集分页、显示记录记数等。

（一）　制作在线咨询页面

下面制作在线咨询页面，该页面的主要作用是让用户输入要咨询的问题和联系方式，然后提交给服务器。涉及的知识点主要是插入记录服务器行为。

【操作步骤】

1. 打开主页文档"index.asp"，如图 14-7 所示。

> 本文档中的表单已经制作好，各个表单对象的名称均与数据库中表的相应字段名称保持一致，以便于实际操作。

2. 在菜单栏中选择【插入】→【应用程序对象】→【插入记录】→【插入记录】命令，或在【服务器行为】面板中单击 按钮，如图 14-8 所示。在弹出的下拉菜单中选择【插入记录】命令，打开【插入记录】对话框。

图14-7 在线咨询页面

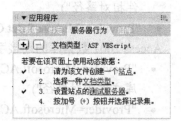

图14-8 【服务器行为】面板

3. 在【连接】下拉列表中选择已创建的数据库连接 "conn"，在【插入到表格】下拉列表中选择数据表 "content"，在【插入后，转到】文本框中定义插入记录后要转到的页面，此处为 "returnindex.htm"。在【获取值自】下拉列表中选择表单的名称 "form1"，在【表单元素】下拉列表中选择第 1 行的选项，然后在【列】下拉列表中选择数据表中与之相对应的字段名，在【提交为】下拉列表中选择该表单元素的数据类型，如图 14-9 所示。

如果表单元素的名称与数据库中的字段名称是一致的，这里将自动对应，不需要人为改动。

4. 单击 [确定] 按钮，向数据表中添加记录的设置就完成了，如图 14-10 所示。

图14-9 【插入记录】对话框

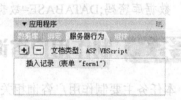

图14-10 插入记录服务器行为

在【服务器行为】面板中，双击服务器行为，如 "插入记录（表单 "form1"）"，可打开相应的对话框，对参数进行重新设置。选中服务器行为，单击 [—] 按钮可将该行为删除。

5. 添加完 "插入记录" 服务器行为后，表单【属性】面板的【动作】文本框中添加了动作代码 "<%=MM_editAction%>"，如图 14-11 所示。

图14-11 表单【属性】面板

6. 同时在表单中还添加了一个隐藏区域 "MM_insert"，如图 14-12 所示。

图14-12 隐藏区域 "MM_insert"

7. 保存文件"index.asp"，然后打开咨询问题，提交确认文件"returnindex.htm"。

8. 在菜单栏中选择【插入】→【HTML】→【文件头标签】→【刷新】命令，打开【刷新】对话框，设置延迟时间为"5"秒，转到 URL 为"index.asp"，如图 14-13 所示。

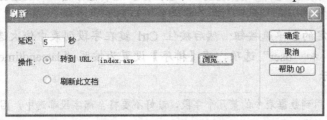

图14-13　【刷新】对话框

9. 单击　确定　按钮，关闭对话框并保存文件。

【知识链接】

文件头标签也就是通常所说的 META 标签。META 标签在网页中是看不到的，因为它包含在 HTML 中的"<head>…</head>"标签之间。所有包含在该标签之间的内容在网页中都是不可见的，所以通常也叫做文件头标签。在菜单栏的【插入】→【HTML】→【文件头标签】中包含了常用的文件头标签。其中的【刷新】命令可以定时刷新网页。【刷新】对话框包含以下两项内容。

- 【延迟】：表示网页被浏览器下载后所停留的时间，以"秒"为单位。
- 【操作】：一个是【转到 URL】选项，通过右边的 浏览… 按钮来输入动作所转向的网页或文档的 URL；另一个是【刷新此文档】选项，也就是重新将当前的网页从服务器端载入，将已经改变的内容重新显示在浏览器中。

定时刷新功能是非常有用的，在制作论坛或者聊天室时，可以实时反映在线的用户。

（二）　制作咨询主题页面

在"index.asp"页面中单击"查询咨询结果"超级链接可以进入咨询主题页面"resultlist.asp"，在该页面中显示了用户咨询的主题列表。创建页面中数据列表的第一步是根据需要创建记录集，然后将记录集中的数据以动态数据的形式插入到文档中，最后为动态数据创建重复区域、分页及状态导航条，这样一个数据列表就完成了。

【操作步骤】

下面首先创建记录集。

1. 打开文档"resultlist.asp"，如图 14-14 所示。

2. 在菜单栏中选择【插入】→【应用程序对象】→【记录集】命令，打开【记录集】对话框。

 也可在【服务器行为】面板中单击 + 按钮，在弹出的菜单中选择【记录集】命令或在【插入】→【应用程序】面板中单击 （记录集）按钮来打开该对话框。

【知识链接】

在 Dreamweaver 8 中，根据不同的需求，【记录集】对话框可构建不同的记录集。读者可将记录集想象成一个动态变化的表格，这个表格的数据是从数据库中按照一定的规则筛选出来的。即使针对同一个数据表，但如果规则不同，产生的记录集也不同。在 Dreamweaver 8 中创建记录集是在对话框中完成的，不需要手工编写代码，只要设置一些参数和选项就可以了。

3. 对【记录集】对话框进行参数设置。在【名称】文本框中输入 "RsContent"；在【连接】下拉列表中选择 "conn" 选项；在【表格】下拉列表中选择 "content" 选项；在【列】选项中选择【选定的】单选按钮；然后按住 Ctrl 键在字段列表中依次选择 "dateandtime"、"ID"、"title" 和 "user" 选项，将【排序】设置为按照 "dateandtime"、"降序" 排列，如图 14-15 所示。

如果只是用到数据表中的某几个字段，最好不要将全部字段都选中，因为字段数越多，应用程序执行起来就越慢。

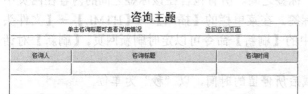

图14-14 打开文档 "resultlist.asp"

图14-15 【记录集】对话框

【知识链接】

【记录集】对话框中的相关参数简要说明如下。

- 【名称】：记录集的名称，同一页面中的多个记录集不能重名。
- 【连接】：列表中显示成功创建的数据库连接，如果没有，需要重新定义。
- 【表格】：列表中显示数据库中的数据表。
- 【列】：显示选定数据表中的字段名，默认选择全部的字段，也可按下 Ctrl 键来选择特定的字段。
- 【筛选】：就是创建记录集的规则和条件，在第 1 个列表中选择数据表中的字段；在第 2 个列表中选择运算符，共有 "等于"、"大于"、"小于"、"大于等于"、"小于等于"、"不等于"、"开始于"、"结束于" 和 "包含" 9 种；第 3 个列表是变量的类型；第 4 个文本框是变量的名称。
- 【排序】：按照某个字段 "升序" 或者 "降序" 进行排序。

4. 设置完毕后单击 [测试] 按钮，在【测试 SQL 指令】对话框中出现选定表中的记录，如图 14-16 所示，说明创建记录集成功。

图14-16 【测试 SQL 指令】对话框

5. 关闭【测试 SQL 指令】对话框，然后在【记录集】对话框中单击 ⌈确定⌋ 按钮，完成创建记录集的任务，此时在【服务器行为】面板的列表框中添加了【记录集（RsContent）】行为，在【绑定】面板中显示了【记录集（RsContent）】及其中的相应字段，如图 14-17 所示。

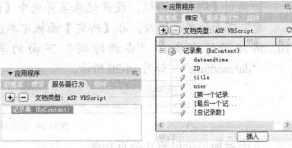

图14-17 【服务器行为】面板和【绑定】面板

 每次根据不同的查询需要创建不同的记录集，有时在一个页面之中需要创建多个记录集。

6. 如果对创建的记录集不满意，可以在【服务器行为】面板中双击记录集名称或者在其【属性】面板中单击 ⌈编辑…⌋ 按钮，打开【记录集】对话框，对原有设置进行重新编辑，如图 14-18 所示。

图14-18 记录集【属性】面板

下面将记录集中的数据以动态文本的形式插入到文档中。

 记录集负责从数据库中按照预先设置的规则取出数据，而要将数据插入到文档中，就需要通过动态数据的形式，其中最常用的是动态文本。

7. 将鼠标光标置于"咨询人"下面的单元格内，在菜单栏中选择【插入】→【应用程序对象】→【动态数据】→【动态文本】命令，打开【动态文本】对话框。

8. 展开【记录集（RsContent）】，选择【user】选项，【格式】设置为"修整－两侧"，然后单击 ⌈确定⌋ 按钮，插入动态文本，如图 14-19 所示。

图14-19 插入动态文本

 不论设置为"修整－两侧"还是"修整－左"、"修整－右"，都是针对字符串数据而言的。其作用是去掉端点的空格，而字符串中的空格将被保留下来。

也可以通过【绑定】面板插入动态文本。

9. 切换到【绑定】面板，展开记录集并选中【title】选项，然后将鼠标光标置于"咨询标题"下面的单元格内，在【绑定】面板中单击 插入 按钮，插入动态文本。

10. 用相同的方法在"咨询时间"下面的单元格内插入记录集"RsContent"中的"dateandtime"，如图 14-20 所示。

咨询人	咨询标题	咨询时间
{RsContent.user}	{RsContent.title}	{RsContent.dateandtime}

图14-20 插入动态文本

下面添加记录记数及分页功能。

11. 将鼠标光标置于"单击咨询标题可查看详细情况"下面的单元格内，然后在菜单栏中选择【插入】→【应用程序对象】→【显示记录计数】→【记录集导航状态】命令，打开记录集导航状态对话框，在【Recordset】下拉列表中选择"RsContent"选项，如图 14-21 所示。

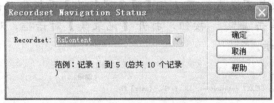

图14-21 记录集导航状态对话框

12. 单击 确定 按钮，插入动态文本，如图 14-22 所示。

单击咨询标题可查看详细情况	返回咨询页面
记录 {RsContent_first} 到 {RsContent_last}（总共 {RsContent_total}	

图14-22 插入的记录集导航状态

13. 将鼠标光标置于表格最下面一行的单元格内，然后在菜单栏中选择【插入】→【应用程序对象】→【记录集分页】→【记录集导航条】命令，打开【记录集导航条】对话框，在【记录集】下拉列表中选择"RsContent"选项，设置【显示方式】为【文本】，如图 14-23 所示。

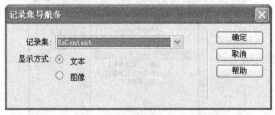

图14-23 【记录集导航条】对话框

14. 单击 确定 按钮，文档中插入的记录集导航条如图 14-24 所示。

图14-24 插入的记录集导航条

 如果选择"图像"显示方式，则会自动添加 4 幅图像，用做翻页指示。

【知识链接】

记录集导航条并不具有完整的分页功能，还必须为动态数据添加重复区域才能构成完整的分页功能。重复区域是指将当前包含动态数据的区域沿垂直方向循环显示，在记录集导航条的帮助下完成对大数据量页面的分页显示技术。

下面添加重复区域。

15. 选定如图 14-25 所示的表格中的数据显示行，然后在菜单栏中选择【插入】→【应用程序对象】→【重复的区域】命令，打开【重复区域】对话框。

16. 在【重复区域】对话框中，将【记录集】设置为 "RsContent"，将【显示】记录设置为 "10"，如图 14-26 所示。

图14-25 选择要重复的行 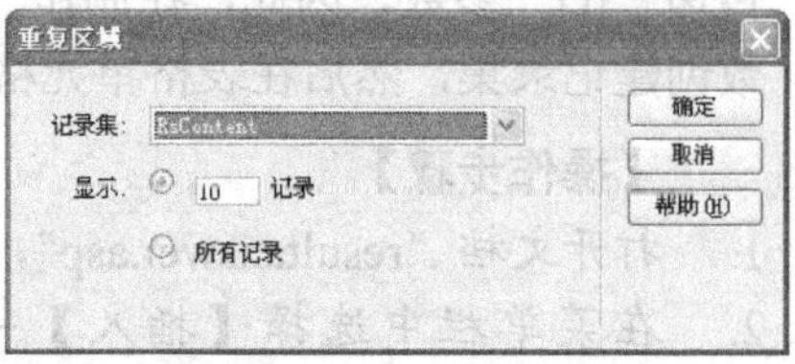　　　图14-26 【重复区域】对话框

 如果将【显示】设置为 "所有记录"，则 "记录集导航条" 将失去作用。

17. 单击 确定 按钮关闭对话框，所选择的数据行被定义为重复区域，如图 14-27 所示，最后保存文档。

图14-27 文档中的重复区域

由于单击用户的咨询标题可以打开文档 "resultanswer.asp"，查看咨询问题的详细情况，因此，下面需要为动态文本 "{RsContent.title}" 创建超级链接并设置传递参数。

18. 选中动态文本 "{RsContent.title}"，然后在【属性】面板中单击【链接】后面的 □ 按钮，打开【选择文件】对话框，在文件列表中选择查询结果文件 "resultanswer.asp"。

19. 在【选择文件】对话框中单击【URL:】后面的 参数... 按钮，打开【参数】对话框；在【名称】文本框中输入 "ID"，在【值】文本框中单击右侧的 ∅ 按钮，打开【动态数据】对话框，选择【记录集（RsContent）】→【ID】选项；然后单击 确定 按钮，返回【参数】对话框，如图 14-28 所示。

20. 在【参数】对话框中单击 确定 按钮，返回【选择文件】对话框，再次单击 确定 按钮，关闭【选择文件】对话框。

21. 保存文件。

图14-28 设置页面间的参数传递

【知识链接】

经过设置【URL:】参数选项，【URL:】后面的文本框中出现了下面一条语句："resultanswer.asp?ID=<%=(RsContent.Fields.Item("ID").Value)%>"，当单击主页面中的标题时，将打开文件"resultanswer.asp"，同时将该标题的"ID"参数传递给"resultanswer.asp"，从而使该页面只显示符合该条件的记录。

（三）　制作咨询结果页面

由于在"resultlist.asp"中单击用户的咨询标题可以打开文档"resultanswer.asp"并同时传递"ID"参数，因此，在制作"resultanswer.asp"页面时，首先需要根据传递的"ID"参数创建记录集，然后在表格单元格中插入相应的动态文本。

【操作步骤】

1. 打开文档"resultanswer.asp"，如图 14-29 所示。
2. 在菜单栏中选择【插入】→【应用程序对象】→【记录集】命令，创建记录集"RsResult"，如图 14-30 所示。

图14-29　打开文档"resultanswer.asp"

图14-30　创建记录集

> 在【筛选】选项的第 1 个下拉列表中选择数据表"content"中的字段"ID"，在第 2 个下拉列表中选择"="运算符，在第 3 个下拉列表中选择"URL 参数"变量类型，文本框中的"ID"是如图 14-27 所示的【参数】对话框中设置的传递参数。

3. 在【应用程序】→【绑定】面板中，展开记录集并选中【user】选项，然后将鼠标光标置于"咨询人"右侧的单元格内，在【绑定】面板中单击 插入 按钮，插入动态文本。
4. 在【绑定】面板中选中【dateandtime】选项，然后将鼠标光标置于"咨询时间"右侧的单元格内，在【绑定】面板中单击 插入 按钮，插入动态文本。
5. 用相同的方法在其他单元格内依次插入记录集"RsResult"中的"title"、"question"、"answer"，如图 14-31所示。

咨询人	{RsResult.user}
咨询时间	{RsResult.dateandtime}
咨询标题	{RsResult.title}
问题描述	{RsResult.question}
咨询答复	{RsResult.answer}

图14-31　插入动态文本

6. 保存文件。

任务三 制作咨询回复页面

本任务主要是制作咨询回复相关页面，涉及的知识点有更新记录、删除记录、限制对页的访问以及用户登录和注销。

（一） 制作咨询主题列表页面

本任务主要是制作供管理人员使用的咨询主题列表页面，管理人员从该页面可以进入咨询回复页面，也可以进入删除记录页面。

【操作步骤】

1. 打开文档"adminresultlist.asp"，如图 14-32 所示。

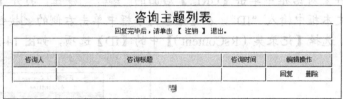

图14-32 打开文档"adminresultlist.asp"

2. 创建记录集"RsContent"，选定的字段名有"dateandtime"、"ID"、"title"和"user"，如图 14-33 所示。

3. 在【绑定】面板中，展开记录集"RsContent"，然后将"user"、"title""dateandtime"依次插入到"咨询人"、"咨询标题"和"咨询时间"下面的单元格内，如图 14-34 所示。

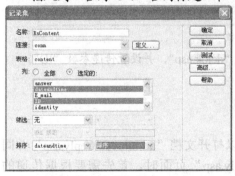

图14-33 创建记录集"RsContent"

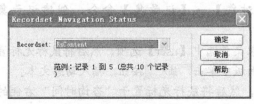

图14-34 插入动态文本

4. 在"回复完毕后，请单击【注销】退出。"下面的单元格内插入记录集导航状态，如图 14-35 所示。

5. 设置重复区域，如图 14-36 所示。

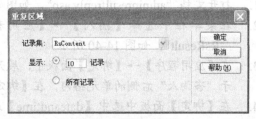

图14-35 设置记录计数　　　　　　　图14-36 设置重复区域

6. 插入分页导航条，如图 14-37 所示。

图14-37　插入分页导航条

下面为文本"回复"和"删除"创建超级链接并设置传递参数。

7. 选中文本"回复"，然后在【属性】面板中单击【链接】后面的□按钮，打开【选择文件】对话框，在文件列表中选择查询结果文件"adminresultreply.asp"。

8. 在【选择文件】对话框中单击【URL:】后面的 参数… 按钮，打开【参数】对话框，在【名称】文本框中输入"ID"，在【值】文本框中单击右侧的 ☑ 按钮，打开【动态数据】对话框，选择【记录集（RsContent）】中的【ID】选项，如图 14-38 所示。

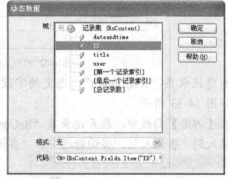

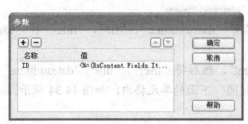

图14-38　设置传递参数

9. 用相同的方法设置文本"删除"的超级链接地址为"delok.asp"，并设置传递参数"ID"。
10. 保存文件。

（二）　制作咨询主题回复页面

由于在"adminresultlist.asp"中单击"回复"可以打开文档"adminresultreply.asp"并同时传递"ID"参数，因此，在制作"adminresultreply.asp"页面时，首先需要根据传递的"ID"参数创建记录集，然后在表格单元格中插入相应的动态文本和动态文本字段，最后插入更新记录服务器行为，更新数据表中"answer"的字段内容。

【操作步骤】

1. 打开文档"adminresultreply.asp"，如图 14-39 所示。
2. 在菜单栏中选择【插入】→【应用程序对象】→【记录集】命令，创建记录集"RsResult"，如图 14-40 所示。
3. 在【应用程序】→【绑定】面板中，展开记录集并选中【user】选项，然后将鼠标光标置于"咨询人"右侧的单元格内，在【绑定】面板中单击 插入 按钮，插入动态文本。
4. 在【绑定】面板中选中【dateandtime】选项，然后将鼠标光标置于"咨询时间"右侧的单元格内，在【绑定】面板中单击 插入 按钮，插入动态文本。

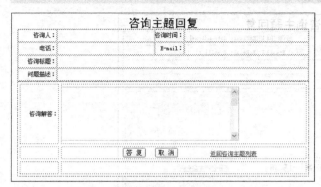

图14-39 打开文档"adminresultreply.asp" 图14-40 创建记录集"RsResult"

5. 用相同的方法在其他单元格内依次插入记录集"RsResult"中的"telephone"、"E-mail"、"title"和"question"。

6. 选中"咨询解答"右侧的多行文本域，在【属性】面板中单击【初始值】列表框右侧的 ✎ 按钮，打开【动态数据】对话框，展开记录集"RsResult"并选中【answer】选项，然后单击 确定 按钮，如图 14-41 所示。

图14-41 设置多行文本域初始值

在用户通过文档"index.asp"提交咨询问题时，在数据表"content"中将添加相应的记录，其中的"answer"字段的默认值是"未回复"，该字段的主要作用是存放管理人员的回复信息。文档"adminresultreply.asp"将通过更新记录服务器行为来更新"answer"字段的内容。下面插入更新记录服务器行为。

7. 在菜单栏中选择【插入】→【应用程序对象】→【更新记录】→【更新记录】命令，打开【更新记录】对话框。在【连接】下拉列表中选择"conn"选项，在【要更新的表格】下拉列表中选择"content"选项，在【选取记录自】下拉列表中选择"RsResult"选项，在【唯一键列】下拉列表中选择"ID"选项，在【在更新后，转到】文本框中输入"adminresultlist.asp"，在【获取值自】下拉列表中选择"form1"选项，如图 14-42 所示。

图14-42 【更新记录】对话框

8. 单击 确定 按钮，插入更新记录服务器行为并保存文件，如图 14-43 所示。

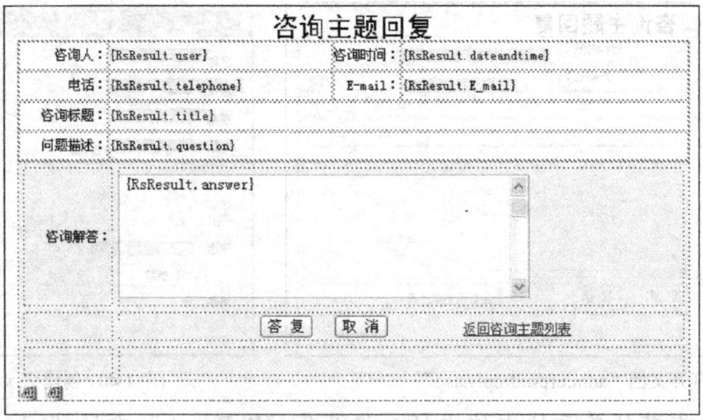

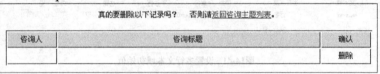

图14-43　插入更新记录服务器行为

（三）　制作咨询主题删除页面

由于在"adminresultlist.asp"中单击【删除】文本，可以打开文档"delok.asp"并同时传递"ID"参数。文档"delok.asp"的主要作用是，让管理人员进一步确认是否要真的删除所选择的记录，如果确定，可以单击该页面中记录后面的【删除】文本，打开文档"admindel.asp"进行删除操作。下面将制作"delok.asp"和"admindel .asp"两个文档。

【操作步骤】

1. 打开文档"delok.asp"，如图 14-44 所示。

咨询人	咨询标题	确认
		删除

真的要删除以下记录吗？　否则请返回咨询主题列表。

图14-44　打开文档"delok.asp"

2. 根据从文档"adminresultlist.asp"传递过来的参数"ID"创建记录集"RsDel"，在列表框中选定的字段有"ID"、"title"和"user"，如图 14-45 所示。

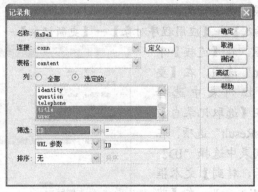

图14-45　创建记录集"RsDel"

3. 在【绑定】面板中选中【user】选项，然后将鼠标光标置于"咨询人"下面的单元格内，在【绑定】面板中单击　插入　按钮，插入动态文本，然后用相同的方法在"咨询标题"下面的单元格内插入记录集"RsDel"中的【title】选项。

4. 选中文本"删除"，设置其超级链接地址为"admindel.asp"，传递的 URL 参数为"ID"。

> 已经添加到数据表中的记录有时需要删除，删除记录可以使用菜单栏中的【插入】→【应用程序对象】→【删除记录】命令，删除记录也是通过记录集和表单共同完成的，两者缺一都无法实现。在下面的操作中不使用此方法，而是使用另一种方法，即选择菜单栏中的【插入】→【应用程序对象】→【命令】命令来完成这一任务。

5. 打开文档"admindel.asp"，如图 14-46 所示。

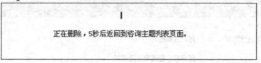

图14-46 打开文档"admindel.asp"

6. 在菜单栏中选择【插入】→【应用程序对象】→【命令】命令，打开【命令】对话框。在【类型】下拉列表中选择"删除"，这时在【SQL】右侧的列表框中出现 SQL 语句"DELETE FROM WHERE"，在【数据库项】列表中展开"表格"，选中数据表"content"，然后单击 DELETE 按钮，接着展开数据表"book"，选中字段"ID"，并单击 WHERE 按钮，这时上面的 SQL 语句变成了"DELETE FROM content WHERE ID"。

7. 在"WHERE ID"的后面输入"= MM_UserID"，然后单击【变量】后面的 + 按钮，添加变量，在【名称】文本框中输入"MM_UserID"，在【类型】文本框中输入"Numeric"，在【大小】文本框中输入"1"，在【运行值】文本框中输入"Request("ID")"，如图 14-47 所示。

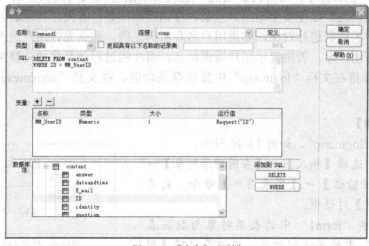

图14-47 【命令】对话框

8. 设置完毕后单击 确定 按钮关闭对话框，最后保存文件。

（四） 限制对页的访问

网站的后台管理页面不希望浏览者随便访问，只有管理人员通过用户登录后才可以访问，因此需要使用【限制对页的访问】服务器行为来限制页面的访问权限。下面对文档"adminresultlist.asp"、"adminresultreply.asp"、"delok.asp"和"admindel.asp"添加限制对页的访问功能。

【操作步骤】

1. 打开文档 "adminresultlist.asp"，然后在菜单栏中选择【插入】→【应用程序对象】→【用户身份验证】→【限制对页的访问】命令，打开【限制对页的访问】对话框，在【基于以下内容进行限制】选项中选择【用户名和密码】单选按钮。在【如果访问被拒绝，则转到】文本框中输入 "login.asp"，即访问被拒绝后转到该页进行登录，如图 14-48 所示。

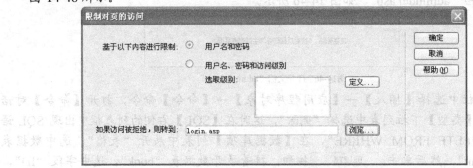

图14-48 【限制对页的访问】对话框

2. 用同样的方法对文档 "adminresultreply.asp"、"delok.asp" 和 "admindel.asp" 添加 "限制对页的访问" 功能。

（五） 用户登录和注销

页面添加了【限制对页的访问】功能，这就要求给管理人员提供登录入口以便能够进入，同时提供注销功能以便安全退出。登录、注销的原理是，首先将登录表单中的用户名、密码与数据库中的数据进行对比，如果用户名和密码正确，那么允许用户进入网站，并使用阶段变量记录下用户名，否则提示用户错误信息。而注销过程就是将成功登录的用户的阶段变量清空。下面将在文档 "login.asp" 中提供登录功能，在文档 "adminresultlist.asp" 中提供注销功能。

【操作步骤】

1. 打开文档 "login.asp"，如图 14-49 所示。

2. 在菜单栏中选择【插入】→【应用程序对象】→【用户身份验证】→【登录用户】命令，打开【登录用户】对话框。

图14-49 打开文档 "login.asp"

3. 将登录表单 "form1" 中的表单对象与数据表 "optioner" 中的字段相对应，也就是说将【用户名字段】与【用户名列】对应，【密码字段】与【密码列】对应，然后将【如果登录成功，转到】设置为 "adminresultlist.asp"，将【如果登录失败，转到】设置为 "loginfail.htm"，如图 14-50 所示。

　如果选择了【转到前一个 URL（如果它存在）】选项，那么无论从哪一个页面转到登录页，只要登录成功，就会自动回到那个页面。

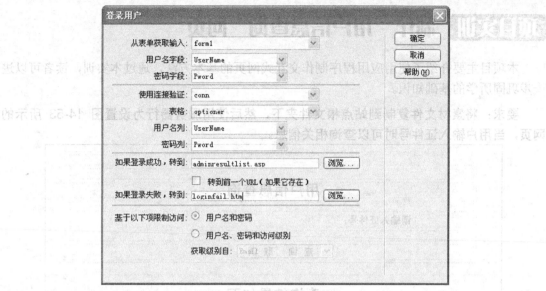

图14-50 【登录用户】对话框

4. 设置完成后保存文件。

用户登录成功后，如果退出最好先注销用户，下面制作"注销登录"功能。

5. 打开文档"adminresultlist.asp"，选中文本"注销"，然后在菜单栏中选择【插入】→【应用程序对象】→【用户身份验证】→【注销用户】命令，打开【注销用户】对话框，参数设置如图 14-51 所示。其中在【在完成后，转到】选项设置为文档"index.asp"，然后保存文件。

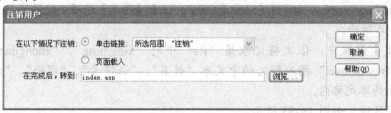

图14-51 【注销用户】对话框

【知识链接】

在现实中，我们在使用网络服务时经常需要进行用户注册。用户注册的实质就是向数据库中添加用户名、密码等信息，可以使用"插入记录"服务器行为来完成用户信息的添加。但有一点需要注意，就是用户名不能重名，也就是说，数据表中的用户名必须是唯一的。那么，在 Dreamweaver 中如何做到这一点呢？可以通过菜单栏中的【插入】→【应用程序对象】→【用户身份验证】→【检查新用户名】命令来完成，其对话框如图 14-52 所示。

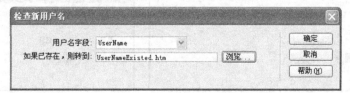

图14-52 【检查新用户名】对话框

至此，本项目的所有内容就全部制作完了。

项目实训 制作"用户信息查询"网页

本项目主要介绍了使用应用程序制作交互式网页的基本方法，通过本实训，读者可以进一步巩固所学的基础知识。

要求：将素材文件复制到站点根文件夹下，然后使用服务器行为设置图 14-53 所示的网页，当用户输入证件号时可以查询相关信息。

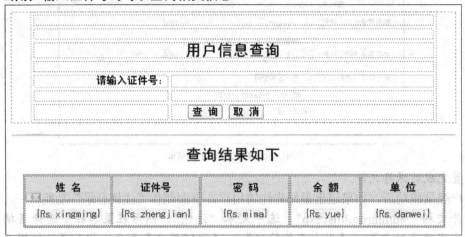

图14-53 "用户信息查询"网页

【操作步骤】

1. 打开文档 "index.asp"，然后创建记录集 "Rs"，注意【筛选】选项中使用的是 "表单变量"，如图 14-54 所示。
2. 在【绑定】面板中，依次将记录集 "Rs" 中的 "xingming"、"zhengjian"、"mima"、"yue" 和 "danwei" 插入到文档中文本 "姓名"、"证件号"、"密码"、"余额" 和 "单位" 下面的单元格内。
3. 创建重复区域，如图 14-55 所示。

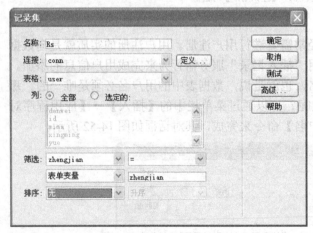

图14-54 创建记录集 "Rs"

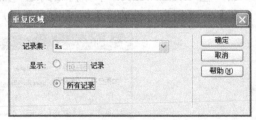

图14-55 设置重复区域

项目小结

本项目以咨询网页为例，介绍了创建 ASP 应用程序的基本功能，这些功能都是围绕着查询、添加、修改和删除记录展开的。读者在掌握这些基本功能以后，可以在此基础上创建更加复杂的应用程序。

 思考与练习

一、填空题

1. _____是由 Microsoft 公司推出的专业的 Web 开发语言，可以使用 VBScript、JavaScript 等语言编写。

2. 要在网页中使用数据库，首先必须成功连接数据库。连接数据库一般采用两种方式：_____和 OLE DB。

3. 成功创建连接后，系统自动在站点管理器的文件列表中创建专门用于存放连接字符串的文档"conn.asp"及其文件夹"_____"。

4. 记录集负责从数据库中按照预先设置的规则取出数据，而要将数据插入到文档中，就需要通过_____的形式，其中最常用的是动态文本。

5. 记录集导航条并不具有完整的分页功能，还必须为动态数据添加_____才能构成完整的分页功能。

6. 使用_____服务器行为来限制页面的访问权限。

二、选择题

1. （　　　　）在存储内容的数据库和生成页面的应用程序服务器之间起一种桥梁作用。

　　A. 记录集　　　　B. 动态数据　　　C. 动态表格　　　D. 动态文本

2. 关于 SQL 语句"SELECT Author, BookName, ID, ISBN, Price FROM book ORDER BY ID DESC"的说法错误的是（　　　　）。

　　A. 该语句表示从表"book"中查询所有记录

　　B. 该语句显示的字段是"Author"、"BookName"、"ID"、"ISBN"和"Price"

　　C. 该语句对查询到的记录将根据 ID 按升序排列

　　D. 该语句中的"book"表示数据表

3. 通过菜单栏中的【插入】→【应用程序对象】→【删除记录】命令删除记录，是通过记录集和（　　　　）共同完成的，两者缺一无法实现。

　　A. 表格　　　　　B. 文本域　　　C. 动态数据　　　D. 表单

三、简答题

1. 创建数据库连接的方式有哪两种？

2. 动态数据有哪几种？

四、操作题

制作一个简易班级通信录管理系统，具有浏览记录和添加记录的功能，并设置非管理员只能浏览记录，管理员才可以添加记录。

【操作提示】

（1）首先创建一个能够支持"ASP VBScript"服务器技术的站点，然后将"项目素材"文件夹下的内容复制到该站点根目录下。

下面设置浏览记录页面"index.asp"。

（2）使用【自定义连接字符串】建立数据库连接"conn"，使用测试服务器上的驱动程序。

（3）创建记录集"Rs"，在【连接】下拉列表中选择"conn"选项，在【表格】下拉列表中选择"student"选项，在【排序】下拉列表中选择"xuehao"和"升序"选项。

（4）在"学号"下面的单元格内插入"记录集（Rs）"中的"xuehao"，然后依次在其他单元格内插入相应的动态文本。

（5）设置重复区域，在【重复区域】对话框中将【记录集】设置为"Rs"，将【显示】设置为"所有记录"。

下面设置添加记录页面"addstu.asp"。

（6）打开【插入记录】对话框，在【连接】下拉列表中选择数据库连接"conn"，在【插入到表格】下拉列表中选择数据表"student"，在【获取值自】下拉列表中选择表单的名称"form1"，并检查数据表与表单对象的对应关系。

下面设置用户登录和限制对页的访问。

（7）设置用户登录页面。在文档"login.asp"中，打开【登录用户】对话框，将登录表单"form1"中表单域与数据表"login"中的字段相对应，然后将【如果登录成功，转到】选项设置为"addstu.asp"，将【如果登录失败，转到】选项设置为"login.htm"，将【基于以下项限制访问】选项设置为"用户名和密码"。

（8）限制对页的访问。在文档"addstu.asp"中，打开【限制对页的访问】对话框，在【基于以下内容进行限制】选项中选择【用户名和密码】单选按钮，在【如果访问被拒绝，则转到】文本框中输入"login.asp"。

项目十五

测试和发布网站

站点网页制作完成以后，首先需要在本地进行测试以检查网页是否有错误。在确认所有网页都正常的情况下，才可以利用 FTP 等传输工具将网页上传到远程 Web 服务器。在站点正常运行后，也要适时地进行形式和内容的更新和维护以保持站点的吸引力。本项目将结合实际操作介绍测试网站、配置 IIS 服务器和发布网站的基本知识。

学习目标

掌握通过 Dreamweaver 测试网站的方法。
掌握在 IIS 中配置 Web 服务器的方法。
掌握在 IIS 中配置 FTP 服务器的方法。
掌握通过 Dreamweaver 发布网站的方法。

任务一 测试网站

下面简要介绍测试网站的一些方法，如检查链接、改变链接、查找和替换功能、清理文档等。

（一） 检查链接

发布网页前需要对网站中的超级链接进行测试，Dreamweaver 8 提供了对整个站点的链接统一进行检查的功能。

【操作步骤】

1. 在菜单栏中选择【窗口】→【结果】命令，在【结果】面板中切换到【链接检查器】选项卡，如图 15-1 所示。

▼ 结果	搜索	参考	验证	目标浏览器检查	链接检查器	站点报告	FTP记录	服务器调试

显示(S)：断掉的链接 （链接文件在本地磁盘没有找到）

文件	断掉的链接

总共 7 个，1 个HTML，1 个孤立文件。 总共 6 个链接，6 个正确，0 个断掉，0 个外部链接

图15-1 【链接检查器】选项卡

2. 在【显示】选项的下拉列表中选择检查链接的类型。

3. 单击 ▷ 按钮，在弹出的下拉菜单中选择【为整个站点检查链接】选项，Dreamweaver 8 将自动开始检测站点里的所有链接，结果也将显示在【文件】列表中。

【知识链接】

【显示】选项将链接分为 3 大类：【断掉的链接】、【外部链接】和【孤立文件】。对于断掉的链接，可以在【文件】列表中双击文件名，打开文件对链接进行修改；对于外部链接，只能在网络中测试其是否好用；孤立文件不是错误，不必对其进行修改。将所有检查结果修改完毕后，再对链接进行检查，直至没有错误为止。

（二） 改变链接

如果要更改网站中的链接，在此链接涉及很多文件的情况下，逐个去修改是不可能的。Dreamweaver 8 提供了专门的修改方法。

【操作步骤】

1. 在菜单栏中选择【站点】→【改变站点范围的链接】命令，打开【更改整个站点链接】对话框，如图 15-2 所示。
2. 分别单击 ▢ 图标，设置【更改所有的链接】和【变成新链接】选项。
3. 单击 确定 按钮，系统将弹出一个【更新文件】对话框，询问是否更新所有与发生改变的链接有关的页面，如图 15-3 所示。

图15-2 【更改整个站点链接】对话框

图15-3 【更新文件】对话框

4. 单击 更新(U) 按钮，完成更新。

（三） 查找和替换

如果要同时修改多个文档中相同的内容，可以使用查找和替换功能来实现。

【操作步骤】

1. 通过菜单栏中的【窗口】→【结果】命令，打开【结果】面板，并切换至【搜索】选项卡，然后单击 ▷ 按钮，或者在菜单栏中选择【编辑】→【查找和替换】命令，打开【查找和替换】对话框，如图 15-4 所示。

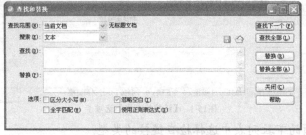
图15-4 【查找和替换】对话框

【知识链接】

【搜索】选项的下拉列表中有 4 个选项："源代码"、"文本"、"文本（高级）"和"指定标签"。有了这 4 个选项，不仅可以改变网页文档中所输入的文本，还可以通过改变文档的源代码来修改网页。

2. 在【搜索】选项的下拉列表中选择"指定标签"选项，对话框的内容立即发生了变化，如图 15-5 所示。

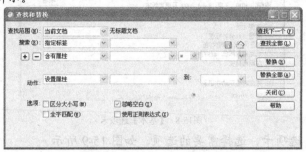

图15-5 在【搜索】选项的下拉列表中选择【指定标签】选项

读者可以根据实际需要来进行设置参数，这里不再详述。

（四） 清理文档

清理文档就是清理一些空标签或者在 Word 中编辑 HTML 文档时产生的多余标签。

【操作步骤】

1. 首先打开需要清理的文档。
2. 在菜单栏中选择【命令】→【清理 HTML】命令，打开【清理 HTML/XHTML】对话框，如图 15-6 所示。
3. 在对话框中的【移除】选项组中勾选【空标签区块】和【多余的嵌套标签】复选框，或者在【指定的标签】文本框内输入所要删除的标签（为了避免出错，其他选项一般不做选择）。
4. 将【选项】选项组中的【尽可能合并嵌套的<font>标签】和【完成后显示记录】复选框勾选。
5. 单击 确定 按钮，将自动开始清理工作。清理完毕后，弹出一个对话框，报告清理工作的结果，如图 15-7 所示。

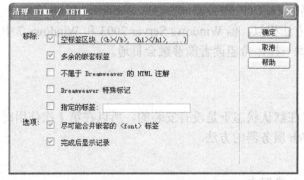

图15-6 【清理 HTML/XHTML】对话框

图15-7 消息框

193

接着进行下一步的清理工作。

6. 在菜单栏中选择【命令】→【清理 Word 生成的 HTML】命令，打开【清理 Word 生成的 HTML】对话框，并设置【基本】选项卡中的各项属性，如图 15-8 所示。

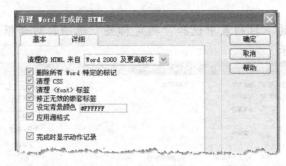

图15-8　【基本】选项卡

7. 切换到【详细】选项卡，选择需要的选项，如图 15-9 所示。

8. 单击 ┌ 确定 ┐ 按钮开始清理，清理完毕后将显示消息框，如图 15-10 所示。单击 ┌ 确定 ┐ 按钮退出。

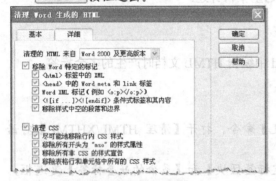

图15-9　【详细】选项卡

图15-10　消息框

任务二　配置 IIS 服务器

　　只有配置了 IIS 中的 Web 服务器，网页才能够被用户正常访问。只有配置了 IIS 中的 FTP 服务器，网页才可以通过 FTP 方式发布到服务器。下面以 Windows XP Professional 中的 IIS 为例，简要介绍配置 Web 服务器和 FTP 服务器的方法。Windows 2000 Server 和 Windows XP Professional 中的 IIS 配置方法相似，但 Windows Server 2003 和 Windows 7 中的 IIS 界面形式和设置方法与较早版本不太一样，希望读者能够融会贯通。

（一）　配置 Web 服务器

　　Windows XP Professional 中的 IIS 在默认状态下是没有安装的，所以在第 1 次使用时应首先安装 IIS 服务器。下面介绍配置 Web 服务器的方法。

【操作步骤】

1. 将 Windows XP Professional 光盘放入光驱中。

2. 在【控制面板】窗口中选择【添加或删除程序】选项，打开【添加或删除程序】对话框，单击【添加/删除 Windows 组件（A）】图标，进入【Windows 组件向导】对话框，勾选【Internet 服务器（IIS）】复选框，如图 15-11 所示。

如果要将 FTP 服务器也安装上，请继续下面的操作。

3. 双击【Internet 服务器（IIS）】选项，打开【Internet 信息服务（IIS）】对话框，勾选【文件传输协议（FTP）服务】复选框，如图 15-12 所示，然后单击 确定 按钮，返回【Windows 组件向导】对话框。

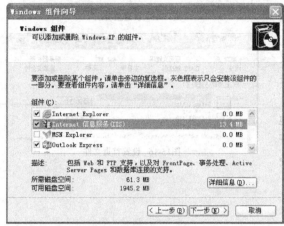

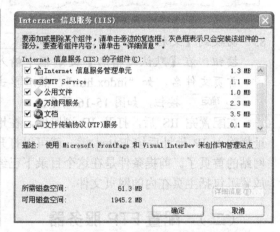

图15-11　安装 Internet 服务器（IIS）　　　　　　图15-12　【Internet 信息服务（IIS）】对话框

4. 单击 下一步(N)> 按钮，稍等片刻，系统就可以自动安装 IIS 这个组件了。

安装完成后还需要配置 IIS 服务，才能发挥它的作用。

5. 在【控制面板】→【管理工具】中双击【Internet 信息服务】选项，打开【Internet 信息服务】对话框，如图 15-13 所示。

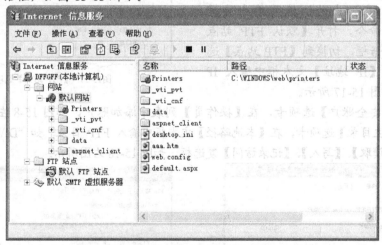

图15-13　【Internet 信息服务】对话框

6. 选中【默认网站】选项，然后单击鼠标右键，在弹出的快捷菜单中选择【属性】命令，打开【默认网站属性】对话框，切换到【网站】选项卡，在【IP 地址】列表框中输入本机的 IP 地址，如图 15-14 所示。

7. 切换到【主目录】选项卡，在【本地路径】文本框中输入（或单击 浏览(O)... 按钮来选择）网页所在的目录，如 "D:\homesite"，如图 15-15 所示。

图15-14 设置IP地址

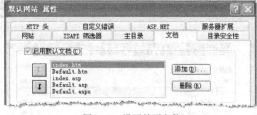

图15-15 设置主目录

8. 切换到【文档】选项卡，单击 添加(D)... 按钮，在【默认文档名】文本框中输入首页文件名，如"index.htm"，然后单击 确定 按钮，如图 15-16 所示。

在配置完 IIS 后，打开 IE 浏览器，在地址栏输入 IP 地址后按 Enter 键，就可以打开网站的首页了。前提条件是在这个目录下已经放置了包括主页在内的网页文件。

图15-16 设置首页文件

（二） 配置 FTP 服务器

下面介绍配置 FTP 服务器的方法。

【操作步骤】

1. 在【Internet 信息服务】对话框中选中【默认 FTP 站点】选项，然后单击鼠标右键，在弹出的快捷菜单中选择【属性】命令，打开【默认 FTP 站点属性】对话框，切换到【FTP 站点】选项卡，在【IP 地址】文本框中输入 IP 地址，如图 15-17 所示。

图15-17 【FTP 站点】选项卡

2. 切换到【安全账户】选项卡，在【操作员】列表中添加账户，如图 15-8 左图所示。

3. 切换到【主目录】选项卡，在【本地路径】文本框中输入 FTP 目录，如"D:\homesite"，然后勾选【读取】、【写入】、【记录访问】复选框，如图 15-18 右图所示。

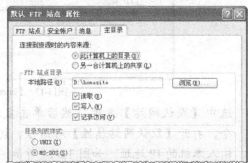

图15-18 【安全账户】选项卡和【主目录】选项卡中的设置

4. 单击 确定 按钮完成配置。

任务三 发布网站

下面简要介绍发布网站和保持同步的基本方法。

（一） 发布网站

下面介绍通过 Dreamweaver 站点管理器发布网页的方法。

【操作步骤】

1. 在 Dreamweaver 8 中定义一个本地静态站点"mysite"，站点文件夹为"D:\mysite"，然后将"项目素材"文件夹中的内容复制到该文件夹下。

2. 在【文件】→【文件】面板中单击 □ （展开/折叠）按钮，展开站点管理器，在【显示】下拉列表中选择要发布的站点"mysite"，然后单击 ≡ （站点文件）按钮，切换到远程站点状态，如图 15-19 所示。

图15-19 站点管理器

 在如图 15-9 所示的【远端站点】栏中提示："若要查看 Web 服务器上的文件，必须定义远程站点。"这说明在本站点中还没有定义远程站点信息，需要进行定义。

3. 单击【定义远程站点】超级链接，打开站点【远程信息】定义对话框，如图 15-20 所示。

4. 在【访问】下拉列表中选择"FTP"选项，然后设置 FTP 服务器的各项参数，如图 15-21 所示。

图15-20 【远程信息】定义对话框

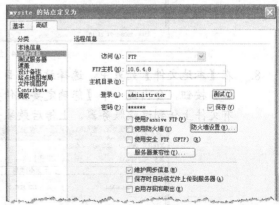

图15-21 设置 FTP 服务器的各项参数

【知识链接】

FTP 服务器的有关参数说明如下。

- 【FTP 主机】：用于设置 FTP 主机地址。
- 【主机目录】：用于设置 FTP 主机上的站点目录，如果为根目录则不用设置。
- 【登录】：用于设置用户登录名，即可以操作 FTP 主机目录的操作员账户。
- 【密码】：用于设置可以操作 FTP 主机目录的操作员账户的密码。
- 【保存】：是否保存设置。
- 【使用防火墙】：是否使用防火墙，可通过 防火墙设置(W)... 按钮进行具体设置。

5. 单击 测试(T) 按钮，如果出现如图 15-22 所示的对话框，说明已连接成功。

6. 单击 确定 按钮，完成设置，如图 15-23 所示。

图15-22 成功连接消息提示框

图15-23 站点管理器

7. 单击工具栏上的 📡 （连接到远端主机）按钮，将会开始连接远端主机，即登录 FTP 服务器。经过一段时间后， 📡 按钮上的指示灯变为绿色，表示登录成功了，并且变为 📡 按钮（再次单击该按钮就会断开与 FTP 服务器的连接）。由于是第 1 次上传文件，远程文件列表中是空的，如图 15-24 所示。

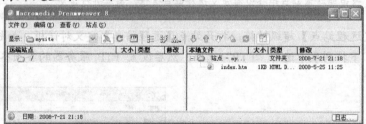

图15-24 连接到远端主机

8. 在【本地文件】列表中，选择站点根目录"mysite"，然后单击工具栏中的 ⬆ （上传文件）按钮，会出现一个【您确定要上传整个站点吗？】对话框，单击 确定 按钮将所有文件上传到远端服务器，上传后效果如图 15-25 所示。

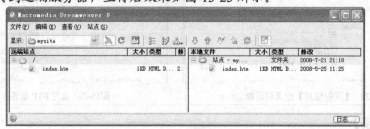

图15-25 上传文件到远端服务器

9. 在上传完所有文件后，单击 按钮，断开与服务器的连接。

上面所介绍的 IIS 中 Web 服务器、FTP 服务器的配置以及站点的发布都是基于 Windows XP Professional 操作系统的，掌握了这些内容，也就基本上掌握了在服务器操作系统中 IIS 的基本配置方法以及在本地上传文件的方法。另外，也可以使用专门的 FTP 客户端软件上传网页。

（二）　保持同步

同步的概念可以这样理解，在远端服务器与本地计算机之间架设一座桥梁，这座桥梁可以将两端的文件和文件夹进行比较，不管哪端的文件或者文件夹发生改变，同步功能都将这种改变反映出来，以便决定是上传还是下载。

【操作步骤】

1. 与 FTP 主机连接成功后，在菜单栏中选择【同步站点范围】命令或在【站点管理器】的菜单栏中选择【站点】→【同步】命令，打开【同步文件】对话框，如图 15-26 所示。

> 在【同步】选项的下拉列表中主要有两个选项：【仅选中的本地文件】和【整个'×××'站点】。因此可同步特定的文件夹，也可同步整个站点中的文件。
>
> 在【方向】选项的下拉列表中共有以下 3 个选项：【放置较新的文件到远程】、【从远程获得较新的文件】和【获得和放置较新的文件】。

2. 在【同步】下拉列表中选择【整个'mysite'站点】选项，在【方向】下拉列表中选择"放置较新的文件到远程"选项，单击 预览(P)... 按钮后，开始在本地计算机与服务器端的文件之间进行比较，比较结束后，如果发现文件不完全一样，将在列表中罗列出需要上传的文件名称，如图 15-27 所示。

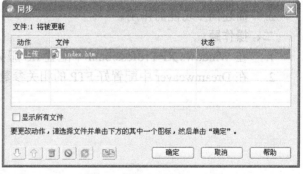

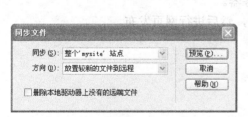

图15-26　【同步文件】对话框　　　　　　　　图15-27　比较结果显示在列表中

3. 单击 确定 按钮，系统便自动更新远端服务器中的文件。
4. 如果文件没有改变，全部相同，将弹出图 15-28 所示的对话框。

这项功能可以有选择性地进行，在维护网站时用来上传已经修改过的网页将非常方便。运用同步功能，可以将本地计算机中较新的文件全部上传至远端服务器上，起到了事半功倍的效果。

图15-28　【Macromedia Dreamweaver】对话框

项目实训　配置服务器和发布站点

本项目着重介绍了服务器的配置、网站发布和维护的基本方法，通过本实训，读者可以进一步巩固所学的基础知识。

要求：对服务器 IIS 进行简单配置，同时将本机上的文件发布到服务器上。

【操作步骤】

1. 配置 WWW 服务器。
2. 配置 FTP 服务器。
3. 在 Dreamweaver 8 站点管理器中设置有关 FTP 的参数选项。
4. 利用 Dreamweaver 8 站点管理器进行站点发布。

 # 项目小结

本项目主要介绍了如何配置、发布和维护站点，这些都是网页制作中不可缺少的一部分，也是网页设计者必须了解的内容，希望读者能够多加练习。

 # 思考与练习

一、简答题

1. 如何清理文档？
2. 简述同步功能的作用。

二、操作题

1. 在 Windows XP Professional 中配置 IIS 服务器。
2. 在 Dreamweaver 中配置好 FTP 的相关参数，然后进行网页发布。